丁夫◎著

你的认知
正在阻碍你

電子工業出版社·
Publishing House of Electronics Industry
北京·BEIJING

图书在版编目（CIP）数据

你的认知正在阻碍你 / 丁夫著. -- 北京：电子工
业出版社，2024. 10. -- ISBN 978-7-121-48683-8

Ⅰ. B821-49

中国国家版本馆CIP数据核字第2024Q707H4号

责任编辑：王小聪

印　　刷：唐山富达印务有限公司
装　　订：唐山富达印务有限公司
出版发行：电子工业出版社
　　　　　北京市海淀区万寿路173信箱　邮编：100036
开　　本：880×1230　1/32　印张：9　字数：173千字
版　　次：2024年10月第1版
印　　次：2024年10月第1次印刷
定　　价：58.00元

凡所购买电子工业出版社图书有缺损问题，请向购买书店调换。若
书店售缺，请与本社发行部联系，联系及邮购电话：（010）88254888，
88258888。

质量投诉请发邮件至 zlts@phei.com.cn，盗版侵权举报请发邮件至
dbqq@phei.com.cn。

本书咨询联系方式：（010）68161512，meidipub@phei.com.cn。

序 言

柏拉图在《理想国》一书中讲过这样一个寓言故事：

有一群囚徒，他们一生下来就住在一个地下洞穴里，从来没离开过那里。他们的四肢和脖子被锁链捆着，无法活动，也无法转头或向侧面看，只能看着他们面前的墙。在他们身后有一堆一直在燃烧的火，火堆和囚徒之间有一条小路。每天都会有很多人经过这条小路。而这些路人的身形和动作都会被火光映照在囚徒们能看到的墙上。

在这群囚徒的眼中，墙上晃动的影子，就是全部的世界。他们以为自己能够看到全部的世界，也了解世界的真相。

这群囚徒是不是很幼稚，很可笑？然而，仔细想一下，在认知方面，我们又比这些囚徒强多少呢？我们所能看到的世界，是全部的世界、真实的世界，还是我们只看到了世界的一个极小的部分，一个片面、一些假象，而我们却以为自己见到了全面、真实的世界呢？

对于呈现在眼前的景象，我们每天都在看。难道只要努力去看，就能看到一切，看穿一切吗？

不管你相不相信，那些我们自以为很熟悉的事物，其实我们未必真的了解。更遗憾的是，如果没有人帮助我们，给我们指引，我们甚至都不知道我们所不了解的事物存在着。

20世纪70年代，著名认知心理学家奈瑟尔进行了一个心理学实验。

他先告诉受试者，在观看接下来要播放的视频时，认真数一数身穿白色服装的运动员传球的次数。随后，播放了一段时长不到50秒的视频，内容是若干身穿黑色和白色服装的运动员在无规则移动中互相传递篮球。

观看结束后，大多数受试者给出的答案是34~36次。然而，这并不是心理学家关注的重点。实际上，要求数传球次数，只是为了让受试者把注意力放在运动员身上。在所播放的视频影像中，除运动员以外，还有一个伪装成"大猩猩"的人，从人群中缓慢通过，并稍做停留，做出捶胸顿足的动作。

结果显示，竟然有50%的受试者完全没有注意到这只"大猩猩"，虽然它在视频画面中累计出现了9秒。

在对照组中，没有要求受试者数传递篮球的次数，"大猩猩"就被更多人轻而易举地发现了。

奈瑟尔指出，虽然我们的眼睛能接收无数的视觉信息，可真正被大脑识别且处理的却很少，通常人们只能看到自己想看到的东西。

有人质疑，那些没看到"大猩猩"的受试者是真的没看到，还是他们根本就没接收到"大猩猩"的视觉信息？

为了消除质疑，心理学家在实验中加入了可以追踪目光轨迹的仪器。仪器记录的结果显示，那些声称没看到"大猩猩"的受试者，目光在"大猩猩"身上停留的时间都在 1 秒以上。也就是说，他们看见了"大猩猩"，也接收到了"大猩猩"的视觉信息，只是没有在意。

又有人提出，有没有可能是因为"大猩猩"是黑色的，容易与穿黑色服装的运动员混淆，所以难以被察觉？

于是，心理学家把实验视频中运动员的服装换成了印有字母的黑色和白色的运动服，把"大猩猩"的服装换成了红色带"+"符号的运动服。出人意料的是，仍有 30% 的人忽略了它。

这就证明，要想引起注意，光看到是不够的，更重要的是被大脑识别而产生意识。无论"异物"的特点有多鲜明，我们都很可能会对它视而不见。所以，如果有人提醒我们该重点看什么，怎么去看，结果就一定会好很多。

意大利的导游有一种非常独特的做法。他们会把游客带到古迹前面，花 40 分钟详细讲解相关的历史背景、古迹特点和最大看点，然后说："好，现在你们可以自己去参观了。咱们 20 分钟之后在这里集合。"

"既然是来旅游的，就是要自己参观，何必花费时间听导游讲解呢？不是瞎耽误时间吗？"于是，有些"聪明人"根本不听讲解，恨不得把 60 分钟都用在参观游览上。

但是，据调查，先认真听 40 分钟讲解再自己逛 20 分钟的人，比根本不听解说自己游览 60 分钟的人，看到的精华要多得多，理解的程度深刻得多，游览结束后印象深刻得多，在微信朋友圈发布旅游经历时内容也丰富得多。展示过照片之后，他们会介绍某个建筑某个部位为何缺损，然后以故事的形式简单解释一下，甚至还会加上自己在参观时的想象和感悟。

而那些没听讲解自己游览 60 分钟的人，看到的很可能只是一片废墟和残缺不全的建筑，发一堆主题不鲜明的照片，展示不出任何特色，只能证明自己曾到此一游，并且拍了很多照片。

如果你有机会去参观著名的古建筑，你愿意用大量的时间，去认真听导游的讲解吗？如果你知道那样的观赏效率更高，了解的东西更多，效果更好，你一定会去听导游讲解吧！

一位哲人说："假如时光可以倒流，世上将有一半的人成为伟人。"可惜时光不会倒流。然而，我们却可以做出这样的遐想：假如时光可以倒流，这些人会怎么做？或者，假如我们是这些伟人，该怎么做？

我们可以把生活比作一面投射各种活动影像的墙，也可以比作一段视频影像，还可以比作一次旅游参观。我们只有很好地认识生活，理解生活，才能更好地融入生活，开拓生活，享受生活。这不仅需要知识，更需要智慧。

　　"聪明人不是具有广博知识的人，而是掌握了有用的知识的人。"人真正的智慧不是掌握世界上的所有知识，而是能够辨别哪些知识对自己来说是必要的，哪些是次要的，哪些是完全不需要的；并且努力去学习、掌握和运用那些有用的知识。除了掌握一些成功的"秘诀"，有用的知识还包括一般人不了解、搞不明白或不愿相信的道理——"暗知识"。

　　本书通过大量贴近生活的事例和令人耳目一新的观点，密切结合时代特点，探讨了最可能给平凡的人生带来快速而深刻变化的"暗知识"，包括究竟是什么影响了我们的人生？怎样才能成为自己命运的主人？为什么说智慧比知识和技能更重要？如何给自己的人生境遇匹配最好的"框框"？在复杂的社会环境里我们为什么要对别人友好？……以期帮助读者拓展思路，提高认知，得到开创全新人生的灵感，获得突破各种阻碍的智慧。

目 录

第一章

我命由我
不由天

人的命是天生注定的吗

据调查，在美国，至少有 20% 的人相信占星术。法国有 10 万人号称"占卜师"，他们每年的总营业额高达 30 亿欧元。尽管研究者并没有发现这些占卜师身上有任何货真价实的本领，但这并不妨碍他们发财致富。每天世界上有不少人根据占卜师和占卜书籍的建议，决定他们的重大事务。这是不是很奇怪？

网上曾流传着这样一个故事：

1989 年的一天，比利时人麦克斯因为感情问题去找占卜师为自己算命，他想知道到底什么时候才能遇见自己的真爱。占卜师根据他提供的个人信息胡乱地算了一通，然后告诉麦克斯："你没有机会遇到真爱了。"这让麦克斯十分生气，占卜师的话更是让麦克斯感到害怕："你最近会出事。确切地说，你将死于空难。"

麦克斯对占卜师说的话十分怀疑，因为自己最近一段时间没有出门的计划，更不要说坐飞机了。他觉得这次算命的结果不太靠谱。但是，麦克斯是一个非常谨慎的人。为了避免发生交通事故，趁着失恋，他干脆直接请假在家，闭门不出，就连每天吃的食物都是家人和朋友帮他买回来的。

麦克斯确信，占卜师一定是算错了，因为只要自己不坐飞机，甚至不离开家，就绝对不可能死于空难。

没想到的是，算命后不到一个月，一天麦克斯和往常一样正在家中看电视剧，突然听见轰隆隆十分刺耳的声音越来越近，他根本来不及搞清楚到底发生了什么事——一架飞机撞向了他家的房屋，麦克斯当场身亡。

过了很长时间，当地警方才了解清楚事情的真相。撞向麦克斯家的房屋并造成他死亡的，是一架苏联的飞机。准确地说，是一架"米格-23"战斗机。这就是当时震惊世界的"米格-23横穿欧洲事件"。

米格-23战斗机是苏联在20世纪80年代国土防空部队的主要装备，经常用于执行各种任务。这个事件发生前，北约国家的雷达早就发现了这架战斗机，并采取了相应的措施。北约指挥中心得到消息后，立即派出两架F-15战斗机实施拦截。但是在拦截的过程中，飞行员们发现这架米格-23战斗机里面根本没有人在操纵。他们立刻上报了这一情况。

在确认米格-23战斗机底部携带的武器没有威胁性后，北约指挥官要求F-15战斗机飞行员不要擅自行动，先跟踪米格-23战斗机，看看苏联到底有什么阴谋。于是，F-15战斗机开始尾随米格-23 战斗机，一直飞到了比利时境内。飞行员请求歼灭这架米格-23 战斗机。

但是由于飞机飞行在比利时城区，而且预估这架战斗机的油量耗损严重，为了不引起市民躁动和节约弹药，北约指挥官决定不用将其歼灭，而是等待这架战斗机燃油耗尽，自行坠毁。就是这样一个决定，使得后来的"空难"发生了，麦克斯也失去了他的生命。

后来的调查发现，这架飞机是苏联的一个老飞行员驾驶的。他称自己在驾驶飞机执行任务的过程中，飞机的发动机突然停止转动。他费了很大力气也没能解决，于是便在情急之下跳伞了。但是在飞行员跳伞后，战斗机的发动机又意外地自己发动起来了，并且继续在空中飞行。

这个飞行员以为战斗机会很快坠入大海，于是申请苏联出动飞机和舰艇打捞这架战斗机，结果却一无所获。而让人意想不到的是，在没有任何人操作的情况下，这架飞机竟然穿越了德国、荷兰，最后到了比利时，导致为了避免空难而乖乖待在家中的麦克斯遇难——他也是这次事故中唯一的伤亡人员。

看了这个故事，你有什么感想？是不是觉得人的命，果然是由上天安排的？一个人的命运真的能被精准地预测出来吗？我们只能接受命运的安排吗？

小说《封神演义》用很多情节描写了《周易》的创始人姬昌的预测能力。比如，他忽然被纣王传诏，心跳个不停，在去朝歌见纣王之前，他特意给自己算了一卦。卦象显示，他这一去必然会有七年牢狱之灾。果然，他到达朝歌没多久，就被纣王关了起来。

但是，由于大臣们的求情，他却被放了。姬昌当时很奇怪，心中不安，因为他觉得自己算的卦不准了！

一天，他又开始算卦。算出纣王将自焚而死，算出费仲、尤浑将死于冰冻，还算出太庙第二天午时会着火。

为了让姬昌的预测失灵，避免太庙着火，纣王不准人们祭祀焚香，把一切有关火的来源都切断了。第二天天气晴朗，大家都聚集在太庙门口张望。眼看午时就到了，突然凭空一个炸雷，直劈太庙，引发大火。

纣王既害怕又生气，就把姬昌囚禁在羑里城，一直囚禁了七年。可见，在《封神演义》中，姬昌的伏羲八卦是很准确的。可以说，姬昌靠着算卦几乎能掌控一切。

当然，即使是姬昌的神机妙算，也只是提供了一种可能的结果，实际上会发生什么，也要视情况而定。比如，姜子牙的徒弟武吉打死了一个人，姬昌给武吉算卦，卦象显示他因为畏罪，跳入深潭而死。但实际上，是姜子牙用道术帮武吉逆天改命了。武吉活蹦乱跳的，一点儿事也没有。可见，即使在古人眼中，所谓的天命不可违，也是有很多条件的。

在算卦方面，周文王姬昌的儿子周武王姬发显然得到了他父亲的真传，每次采取重大行动之前，他往往都要算上一卦。但是，他对算卦结果的态度，是比较灵活的。

姬发继位后，继承父志，重用姜太公、周公旦、召公奭等人治理国家，周国日益强盛。

根据史料记载，在武王决定联合庸、蜀、羌、濮等部族讨伐暴君纣王的前夕，也就是公元前1048年，武王算了一卦。占卜显示的兆象都是大凶。于是，有些人犹豫了，甚至主张暂停伐纣。正当庙堂上乱哄哄的时候，姜太公突然从人群中站出来说："纣王无道，民怨沸腾。讨伐他有什么不可以的？这些枯草、朽骨，怎么知道吉凶呢？"说完挥起袖子，将神案上的龟壳和蓍草全都摔落在地上，还用脚把龟壳踩得粉碎。

武王见姜太公拥有这种勇气和精神，正合自己心意，当场宣布："我命由我不由天！"他也认为天意并不是用蓍草和龟壳可以占卜出来的，占卜结果无效，全军继续进攻。

大军来到孟津，准备渡河时，天空忽然乌云密布，狂风大作，陆地飞沙走石，河上掀起滔天巨浪，无法渡河。武王举起青铜大斧钺，厉声大喝道："我在这里指挥，天下有谁敢违背我的意志！"巧的是，不一会儿，天上乌云渐散，风势减弱，波涛也慢慢平息了。于是，军队顺利渡过黄河。

军队快到殷都朝歌的时候，忽然风雨交加，电闪雷鸣。大风把武王车上的旗杆折断，车盖掀翻，为武王驾车的一匹马也被雷击死了。姜太公派人把折断的旗杆截短，重新加固；把掀翻的车盖改装成弧形，重新安上；为武王的车驾另换一匹骏马。他笑着对将士们说："天公知道我们是奉天之命来讨伐罪大恶极的殷纣的，所以派遣风神、雨神、雷神来迎接我们。风神给我们吹掉灰尘，雨神给我们洗涤甲兵，雷神给我们照光和击鼓，表示热烈欢迎。"

在武王的带领下，将士们又继续前进。

周军进攻的消息传至朝歌，殷商朝廷上下一片惊慌。商纣王无奈之中只好仓促部署防御。但这时候商军的主力还远在东南地区，无法立即调回。纣王只好率领临时武装起来的大批奴隶，连同守卫国都的商军共约 17 万人，开赴牧野，迎战周军。历史上著名的牧野之战正式拉开序幕。

武王在阵前声讨纣王的诸多罪行：听信宠姬谗言，不祭祀祖宗，招诱四方的罪人和逃亡的奴隶，暴虐地残害百姓……这激起了从征将士的愤慨与斗志。接着，武王又郑重宣布了作战中的行动要求和军队纪律，既要有序进攻，又要稳住阵脚，保持队形；不准杀害降者，以瓦解商军。

交战没多久，十几万商军便土崩瓦解了。纣王见大势已去，连夜仓皇逃回朝歌，登上鹿台自焚而死……

　　尽管占卜结果不利，但是因为主帅有信心："我命由我不由天！"武王的军队士气并没有受到影响。武王伐纣成功的基础是顺应民心，尊重民意。连纣王手下的大臣祖伊都进谏说："上天已经断绝我们殷国的寿运了。不管是能知天吉凶的人预测，还是用大龟占卜，都没有一点儿好征兆。这并不是祖先不帮助我们后人，而是大王您荒淫暴虐，以致自绝于天，所以上天才抛弃我们，使我们不得安食。而您既不顺应民心，又不遵循常法。如今我国的民众没有不希望殷国早早灭亡的，他们说，上天为什么还不显示威灵？灭纣的命令为什么还不到来？……"

　　双方的军队还没交锋，商军中临时参军的奴隶就纷纷投降，倒戈到武王这边，加速了商军的失败。

　　从此，"我命由我不由天"便以各种形式流传了下来。曾经火爆一时的动画电影《哪吒之魔童降世》中，哪吒也喊出了这句震撼人心的誓言。东晋的葛洪在《抱朴子》中提出："我命在我不在天，还丹成金千万年。"这一信条强调自己的命运由自己决定，不由天地掌握。这才是以人为本、肯定人生价值的积极态度。

有趣的巴纳姆效应

为什么有时我们会觉得很多占星学、占卜、算命的结果还挺准确？这可以从社会学和心理学方面进行解释。

从基因的角度来看，每个人几乎都是一样的，相似的基因造就了相似的大脑。尽管不同的生长环境，不同的文化背景，会对每个人的思维产生影响，但大体上来说，每个人的情感、爱好等方面，总有很多共性。绝大多数人的大脑并没有想象的那么客观公正，富有判断力，而是极其容易被诱导，容易受到外界信息的影响。

一般来说，求助算命的人多是遇到了麻烦，情绪低落。屡遭生活挫折，使他们失去了安全感，产生了听天由命的心理，因此他们也更容易接受算命先生的暗示。算命先生一般都善于利用笼统性、一般性的人格特征去描述对方内心的感受，说出一些模棱两可的既往判断和未来预言，用词笼统而抽象，多是人生中常见的一些共性特征。比如，你很期待别人喜欢你和欣赏你，但你通常对自己要求过分严格。虽然你的确有一些缺点，但你通常会努力去弥补。目前，你在某些方面的能力并没有得到充分发挥，所以你还可以继续努力，形成自己的优势。有时候，你会强烈地怀疑自己是否做出了正确的决定，是否做了正确的事情。你很希望自己的生活能有所改变，希望生活变得更加丰富多彩。当遇到挫折和不公时，你会感到不满。值得自豪的是，你是一个能独立思考、有主见的人。如果没有令人信服的证据，你不会轻易接受别人的观点与看法。不过，你也觉得在别人面前过于直言不讳，并不是明智之举。有时候，你表现得很开朗，比较容易亲近，也乐于与人交往；但有时候，你却很内向，小心谨慎，沉默寡言。你有很多梦想，其中有些梦想实现起来难度很大……

你觉得这是在说你吗？绝大多数人都会认为是在说自己。由于去算命的人常常对算命先生有敬畏心理，当算命先生说出的某些话引发自己的共鸣时，算命者就会感到被算中了。心理学家把这种现象称作"巴纳姆效应"，也叫"星相效应"。也就是说，当人们用一些普通、含混不清、通用的形容词来描述一个人的时候，一些认知有限或缺乏独立思考和理性思维的人，往往很容易接受这些描述，并认为描述的就是自己。

20世纪80年代著名的科学期刊《自然》上发表的一篇文章指出：尽管占卜师声称其正确率超过了50%，但经过116次严格的科学实验，结果表明，他们的实际正确率只有

34%。也就是说，他们的预测结果并不比瞎猜更靠谱！

何况，有些算命师故意说一些模棱两可的话，不管算命者自己怎么理解，以及最后实际发生了什么事，他都能自圆其说。

有个人去算命，算命师写了一张字条给他，上面写着："你的命是大富大贵没有大灾难要小心。"

那个人看后很高兴地拿着字条离开了。

没过几天，他在路上被车子撞断了一条腿。好了之后，他就很生气地拿着字条去找算命师理论："你前几天不是告诉我，我是'大富大贵，没有大灾难'的命吗？我怎么会被车子撞断了腿？"

算命师拿起那张字条，不慌不忙地对他说："先生，你大概没有看清楚，我写得很明白，你的命是：大富大贵没有，大灾难要小心。"

去算命的人明明知道自己被算命师给忽悠了，也只能自认倒霉。

那么，前文讲述的死于"空难"的比利时人麦克斯事件，是怎么回事呢？很可能是，坠机伤人的离奇事件发生后，为了吸引眼球或出于商业目的，有人添油加醋，杜撰了这个人此前去占卜的情节。退一步说，就算他真的去占卜了，假如麦克斯不受占卜师预测的影响，仍然正常生活，就很可能避免悲剧的发生。

人在生活中难免会遇到挫折和困难，每当遇到决策瓶颈或不确定的选择时，人们往往会听取别人的建议。有些人甚至会求助于抽签、算卦。为什么有些人喜欢算命呢？或许，三千年前的姜太公已参透了其中的奥秘：占卦的结果会疏导人的心理，从而影响人们的决策和信心，进而决定被预测者的处事态度，最终事情的发展大概率会向着被预测者的预期发展。

我们的命运应该自己掌握，不要让上天来决定，不要轻易向命运低头，我们要努力把握和开创自己的美好人生。

要想掌握自己的命运，首先要做的是，突破过去的认知，摒弃过去的经验。面对目前的种种困境，思考如何充分利用现有的条件，去突围和突破。有些问题，如果你认为它是障碍，它就会阻挡你；如果你认为它是台阶，那么就可以把它踩在脚下。

孟子说："天将降大任于是人也，必先苦其心志，劳其筋骨，饿其体肤，空乏其身，行拂乱其所为，所以动心忍性，曾益其所不能。"所以，当上天将要把重大使命降落到某人身上时，一定会先对他进行磨炼，提高他的耐心和能力。

这启示我们，面对问题，面对障碍，要学会转变观念，提高认知和能力；站在更高的维度去判断事物，消除种种困惑，而不是认命屈服。我们要把命运掌握在自己的手里,要相信自己会有好的结果,自己做人生的主宰者。

游戏中的输和赢都不是随机的

从前,有一个年轻人跟几个亲戚合伙做棉花生意。结果,他们第一次外出购货,就遭遇了几十年不遇的暴雨,数千斤棉花被沤在库房里霉烂,损失惨重。他黯然返回家乡后不久,他父亲经营的饭店意外遭遇大火,被烧成了一堆瓦砾。从此,他家失去了所有的财产,变得贫困不堪。他的父母因为悲伤过度,先后病故。

后来,他在集市上请一个算命先生为自己占卜前程。算命先生告诉他,他这一辈子都不会有发迹之日。

从此,他彻底失望了,啥事都不再去想,也不想去做,只靠亲戚和一些好心的邻居接济勉强度日。

终于有一天,他厌倦了这个世界,便独自来到河边,打算跳河自杀。结果,他被路过的一位高僧救了起来。

高僧问他为什么要轻生,于是他就将自己的不幸命运告诉了高僧,并求他指点迷津:"大师,命数可以逃避吗?"

高僧笑了笑,说:"命,是由你自己做成的。你做了善事，命就好；你做了恶事，命就不好。那你此前做过恶事吗？"

他摇了摇头。

高僧仍笑着说："那从现在开始，就重修你的命运吧！"

他有些迷惑地问："大师，命运真的可以重修吗？"

高僧想了想，从随身携带的包裹里取出一粒葡萄，攥在手里，问道："你告诉我，这粒葡萄是完整的，还是破碎的？"

他思考了一会儿说："这很难判断。如果我告诉您它是完整的，您一用力，它就会变成破碎的。"

高僧点点头，看着他说："命运就像这粒葡萄，就在你的手中啊！"

年轻人终于悟出了高僧话中的禅意，重新振作起来，捡起父亲生前的生意，先是在街市上摆了一个小吃摊，生意一点一点地做大。后来，他就成了远近闻名的富豪。从前接济他的亲戚和邻居，都得到了丰厚的回报。

在生活中，常常听到很多人说："再争也争不过命，人算不如天算。"很多人在生活中受挫后，变得心灰意冷，就容易产生"听天由命"的心理，放弃个人的主观努力。就连诸葛亮都说："谋事在人，成事在天。"实际上，一切事在人为。如果成事在天，那么一定需要人来谋事，如果人不谋事，天如何能成事？命运是非常奇怪的，它有着不可预测的复杂性。人生成败的关键，不在于命运，而在于你付出了怎样的努力！

有这样一个流传很广的故事：

一个算命先生给两个同一天出生的孩子算命，说一个孩子出生的时辰好，将来可以做知府；而另一个孩子出生的时辰不好，将来会当乞丐。

被算能做知府的孩子全家都非常高兴，被算当乞丐的孩子的家人很灰心。但是，那个被算当乞丐的孩子的妈妈并不甘心，想了想，悄悄对自己的孩子说："孩子，其实你才是那个好时辰出生的，将来能做大官。是妈妈怕你骄傲，故意说错了时辰。"

于是，这个孩子学习非常刻苦。多年以后，真的做了知府。而那个被算能做知府的孩子，认为自己是天生的富贵命，所以不思进取、好逸恶劳，多年后却沦落为乞丐。

你说，是出生的时辰重要，还是后天的努力重要呢？

《菜根谭》中写道："人生原是傀儡。只要把柄在手，一线不乱，卷舒自由，行止在我，一毫不受他人提掇，便超此场中矣。"意思是说，人生本来就像是在演一场木偶戏。只要你能把让木偶活动的线掌握好，那么你的一生就会进退自如，去留随便，丝毫不受他人或外物的操纵。能做到这些，你就可以超然置身于喧嚣的尘世之外。这就告诉我们：自己的命运掌握在自己的手里，我们应该追随自己的理想，去努力奋斗。

虽然成事在天，我们个人所付出的努力也并不是毫无意义的。不管命运如何，我们都应该在谋事方面下功夫，尽力做好自己该做的和能做的一切。

我第一次去打保龄球时，打得特别好的朋友小陈详细给我讲解了要领：怎么站，怎么移动脚步，怎么掷球，怎么瞄准方向。每一局，我都按照他的话，认认真真地做了，结果和所期望的结果有很大的差距。

有时，我明明把球笔直地掷出去，它却滚着滚着就偏了方向，只能眼睁睁看着它滚进了沟槽里；有时，球出手的时候就已经偏了，到了尽头，只能刚刚擦到最边上的球瓶，却不知怎么搞的，那个球瓶横向一倒，所有的球瓶都意外地全倒了。

我突然有些感慨：也许，人生就像一局保龄球。而成功，就是那些静静等待被击倒的球瓶。我们一生中所有的选择和努力，都是站在一定距离之外，尽量掷出最完美的一个球。然而，球脱手的一刹那，到底能不能击中，能击中多少，只能听天由命了！

想到这里，我不禁有些沮丧。这时候，小陈上场了。只见他一手执球，在硬木地板上助跑几步，停住，身子略微下蹲，右手顺势一扬，球稳稳地出了手，直扑目标，轻轻松松地就打了个大满贯。他的整套动作流畅娴熟，轻捷优美。

小陈连打几局，很少出现失误，分数总是很高。有一局，他一击过后，只剩一个球瓶，孤零零地站在最偏远的位置。我当时想：这次完了，他肯定打不中。没想到接下来，他只是看似很随便地一掷，球便很自然地向那个方向偏斜，就像长了眼睛一样，到达终点时，刚好把那个球瓶击倒。

顿时，我突然明白了，其实，即使在球脱手之后，也从来没有脱离人的控制。它的方向、速度、轻重，早在出手以前，便被精确计算过了，只能按照打球人的意思去进行。每一个大满贯，都不是一件偶然的事。每一个高分，背后都饱含了玩家许多的经验、智慧和力量。输和赢都在自己的掌心，与运气关系不大。

不能游泳的人，在水里便只能随波逐流；不善于打保龄球的人，每一个球都是碰运气；不敢尝试去掌控人生的人，只能听天由命。

谋事在人，成事也可以在人。只要我们一步一个脚印去努力进取，就有机会走向成功。我们无须抱怨自己的付出没有结果，需要牢记的是："只问耕耘，不问收获；不断耕耘，必有收获！"如果我们暂时还没有取得满意的成绩，那么我们不妨平心静气地问自己："我竭尽全力了吗？"如果你自己不去努力，上天如何成全你？

常言道："种瓜得瓜，种豆得豆。"无论哪一方面的成功或失败都不是偶然的，而是有着一定因果关系的必然，即每件事情的发生都有某个理由，每个结果也都有特定的原因。

有果必有因，有因也必有果。世界上万事万物的发生和发展都有因果关系：大海的潮起潮落，人生的跌宕起伏；月亮的阴晴圆缺，人的悲欢离合；善恶福祸，得失荣辱。

大多数人只顾眼前利益，不顾长远打算，只注重结果好坏，不在乎缘由起因。而有智慧的人则很重视原因，深知因果定律，所以言谈举止都很谨慎，唯恐行为不慎、不妥，落入吃苦果的境地。

大自然有它自己的运行规律，万事万物都离不开自然规律，都得在自然规律的主导下规范自己的行为，绝对不能违背自然规律。我们既然要在这个世界上长久地生存下去，那么就要尊重万事万物的自然规律，绝对不能违背规律行事，只有充分尊重这个原则，我们才能过得幸福、如愿。

努力不是瞎折腾

如果遭遇了不好的事情，我们要做的，不是抱怨命运的不公。我们首先要做的是反思自己的行为，有没有做得不好、做得不够的地方，是不是哪里出了问题。认真思考一下，该如何通过自身的努力去改进。

我们所说的命运，应该包含两个基本含义：一个是"命"，一个是"运"。

"命"即那些注定的，不可更改的事情，如不可抗拒的自然与社会力量，个体不得不适应的环境等。人一生中不可选择的东西很多，如不能选择生老病死，不能选择所处的时代，不能选择原生家庭与父母，这些都是注定的和不可更改的。

"运"即机遇、机会。做事离不开机会，如果没有工作的机会，再有才华的人，也创造不出好的业绩；再会唱歌的人，如果没有表演的舞台，也只能被埋没在芸芸众生中。

"相信命运"这一论断并不是凭空产生的，它在一定程度上符合人与自然和社会的关系。每个人都向往幸福，渴望过好日子，而一旦意识到理想与现实相隔甚远，人们就会倾向于信命。

随着时代的发展，我们对命运的理解越来越客观了，对命运的"改造"能力也在不断提高。以前不敢想象的事，现在也有实现的可能了。

就算"命"不可更改，我们仍然可以从"运"着手，努力去获得尽量美好的人生。为了个人的理想去奋斗，而不是瞎折腾。

我们每一个人都在为自己创造命运。如果你认为自己的运气不好，很可能是你努力的方向不对，或者努力的方法不对。所有的成功和幸福都要靠我们自己去规划，去争取，去努力。

　　莎士比亚说："人生就是一部作品。谁有生活的理想和实现它的计划，谁就有好的情节和结尾，谁便能写得十分精彩和引人注目。"为了一生的成功和幸福，一个人应该及早认真地规划自己的一生，为自己确定一个前进的方向。虽然途中难免会有狂风巨浪，迫使你暂时离开航道，但是有一个前进方向总比随波逐流、无目的地漂泊要好得多。

　　人的命运是神奇莫测、难以预料的，正因为这样，才使得人生多彩多姿、充满魅力。虽然你对人生目标的规划和设计，可能会随着时间的推移而变得不合时宜。但是航行在人生的大海上，有一张通向远方的、粗略的航海图和一个简易的罗盘，应该比毫无准备地驶入人生的茫茫大海要好一些。因此，一定要掌握实用的"暗知识"，增加智慧和提高认知，尽早规划自己的未来，做好充分的准备，去面对充满挑战的未来。

消极的心态就像一片乌云

"生命可以归结为一种简单的选择：要么忙于生存，要么赶着去死。"

"监狱里的高墙实在是很有趣。刚入狱的时候，你痛恨被它围困；慢慢地，你习惯了生活在其中；最终你会发现自己离开它就生存不了。这就是体制化。"

这是曾获得奥斯卡金像奖 7 项提名，以及金球奖、土星奖等多项提名的电影《肖申克的救赎》中的台词。电影讲述的是年轻的银行家安迪被冤枉杀了他的妻子和情人，有口难辩，被判在肖申克监狱度过余生后发生的故事。

一般人被诬陷入狱，往往会有各种抱怨、焦虑、苦恼，无法自拔。而安迪没有哭泣，他只关心"我该怎么样"。这时，虽然他的身体不自由，但是他的心还是自由的。

安迪很快就和已入狱 20 年的瑞德成了好朋友。凭借自己强大的心理素质和出色技能，他赢得了瑞德和一群朋友的信任，因此在狱中混出了"名堂"。安迪不需要像以前那样在酷热肮脏的洗衣房工作，而是被派到了图书室，发挥他的专业能力，帮助监狱长和狱警们报税、理财，"洗白"非法收人等。他在肖申克开始变得重要起来，成为监狱长的私人助理。这让他有了"重获自由"的感觉，也让他从中看到了生活的希望。

正如电影中的台词所写的："怯懦囚禁人的灵魂，希望可以感受自由。强者自救，圣者渡人。"安迪没有满足于自己的"自由"感觉，他要改善周围的环境，帮助自己的狱友。他的行动就是扩建图书室，通过广播对全监狱播放唱片，让大家感受到音乐之美，而这种美好的感受是别人夺不走的！他提醒瑞德：不要忘记世界上还有很多美好的事物，在你的内心还有别人无法干涉的东西，那就是"希望"。遗憾的是，受认知的限制，瑞德很难理解安迪的意思，甚至认为：怀有希望是极其危险的事情，它会让你疯狂，让你失去理智。尽管瑞德是一个聪明人，能够在一定程度上利用和改变环境，但是他没想过要去抗争，也想不到自由和理想的生活是可以靠自己的努力争取的。

一个小偷因盗窃入狱，他知道安迪的妻子和她情人的死亡真相。安迪希望监狱长能借此机会帮他翻案。虚伪的监狱长表面上答应了安迪，暗中却派人杀死了小偷。因为他想让安迪一直留在监狱帮他做账。安迪唯一能合法出狱的机会就这样失去了！

尽管被监狱长欺骗，不被朋友理解，安迪仍然满怀希望，他决定通过自己的努力去获得自由！

"怯懦囚禁人的灵魂，希望可以让人自由。"然而，仅仅有希望和理想是不够的，还需要智慧和努力。只有正确的认知，才能产生积极有效的行为。在人身控制极为严格的监狱，靠瑞德帮忙弄到的一把小石锤，怀着坚定的信念和对自由的渴望，加上不懈的努力，安迪终于挖出了一条逃生的小地道。

在挖好地道之后，安迪并没有立刻逃走，而是想帮助那些"没有希望"的人。直到真正看清自己并没有能力救赎其他囚犯之后，他才逃走。他深刻地意识到，除非自己肯从思想上解放自己，否则别人根本帮不上忙。在监狱里度过大半辈子的图书管理员布鲁克斯，被假释后获得了身体上的自由，但他无所适从，感到这个世界根本不属于自己……

重获自由后，安迪给瑞德写信说："请记住，希望是一件好事，也许是最好的事情，并且美好的事物是永远不会消失的！"遗憾的是，这是一种"暗知识"。也就是说，明白这个道理的人，不一定相信；即使相信了，也不一定知道该如何采取行动。因此，虽然瑞德比安迪更聪明，更懂人情世故，在监狱里几乎能"呼风唤雨"，但是他最终仍需要安迪的帮助和"救赎"……

"人是自己命运的主人"，这话说起来容易，做起来难。

要想做自己的主人，必须发挥自己的全部智慧和力量，通过适合自己的方式去努力，去争取。即使面对重重困难和障碍，也永不放弃，永不退缩。这当然需要强大的精神去支撑。因此，我们要学会扫除自己的心理障碍，培养积极的心态。

睿智的中国古人早就意识到了不同心态对人的影响。庄子讲过这样一个故事：

齐桓公在一片草泽中打猎，上卿管仲替他驾车。突然，桓公大叫起来，紧紧拉住管仲的手，惊慌地说："你刚才看到没有？那个鬼影是谁？"管仲一脸迷茫，说："什么都没有啊！"

桓公打猎回来，感到特别疲惫，于是便生病了，好几天没出门。

没多久，一个叫告敖的道士对齐桓公说："依我看来，大王您是自己伤害了自己。我听说您看到了鬼影。人怕鬼三分，鬼怕人七分，鬼又怎么能伤害您呢？我觉得大王您是内心过于忧郁了。一忧郁，精魂就会离散在身体之外。这时，就会对来自外界的干扰缺乏足够的精神力量去分析和理解。如果忧郁之气只能上通而不能下达，人就容易发怒；如果忧郁之气只能下达而不能上通，人就容易健忘；如果既不能上通又不能下达，一直忧心忡忡，人就会生病。"

桓公一听，心里舒服了些，问："这么说，世界上没有鬼？"

告敖说："有啊！当然有鬼。在肮脏的污泥里有叫履的鬼，在厨房的炉灶里有叫髻的鬼……在潮湿泥泞的沼泽里有叫委蛇的鬼。"

桓公一听，赶紧又问："那种叫委蛇的鬼长什么样？"

告敖说："委蛇的身躯跟车轮一样高，和车辕一样长，穿着紫色的上衣，戴着红色的帽子。它最讨厌听到雷声。一听到这样的声音，它就双手抱着头站住了。能见到它的人，是能成为霸主的人。"

桓公听了，开心地笑了，说："对对对！这就是我所见到的鬼。"

桓公和告敖又聊了一会儿家常，不到一天，他的病就好了。

桓公见到鬼，以为鬼要伤害他，结果就生病了。后来，当他知道自己的所见是成为霸主的征兆，病很快就好了。这就是心理暗示的作用。这个故事启示我们，要警惕消极的心理暗示的危害，主动培养乐观向上的心态。只有这样，才能真正成为命运的主人。

消极的心态就像一片乌云，笼罩在一个人的头顶，让人看不到希望，看不到出路。由于抱着消极的心态，一个人做什么事都缺乏信心，都不主动出击、努力争取，喜欢随波逐流、随遇而安，因而错失了很多美妙的人生体验。

一个女孩到三亚旅游。看着擅长游泳的朋友们在阳光下玩水嬉戏，她特别羡慕。但是她不会游泳，也不敢下水，只好向朋友们解释，自己怕晒黑，所以不想下水。

一个擅长游泳的朋友笑着怂恿她："不要因为怕水，就不去游泳，那样生活中会少了很多乐趣。一旦下水，你就会有一种全新的人生体验。"

女孩一下子动了心。朋友们都在快乐地戏水，而且也有擅长游泳的朋友们在场，于是她鼓足勇气下水了。海水的浮力比想象的要大，并且她发现自己没有想象的那么怕水。但是，她不敢游到水深的地方。

一个朋友鼓励她说："试试看，你尽量往水里钻，看能不能沉到水底！"

女孩试了一下。朋友说得没错，就算尽最大努力，想要沉下去、摸到岸底的沙，还真的很难做到。真是奇妙的体验！

一个朋友鼓励她说："看，你想沉都沉不下去，为什么那么害怕水呢？"

从那天起，女孩就喜欢上了玩水，虽然不算是游泳健将，但游个二三百米不成问题。

人生中有不少潜藏的恐惧，有些是因为自己的怯懦而产生的，有些是外力在我们成长的过程中强加的阴影。如果我们能够正视它们，勇敢面对，就会发现它们其实并不可怕。

消极的心态就像一片乌云，但只要你智慧的风足够强大，就可以驱散它，吹走它，使它无法形成威胁你的"暴雨"。这就是心态的力量！

调整好自己的心态

在西方，有这样一句谚语："90% 的失败者其实不是被外力打败的，而是自己放弃了成功的希望。"我们拥有什么样的心态，持有什么样的信念会影响我们人生的走向。有了坚定的信念，一个人才能够发挥出应有的创造力。一个人所能得到的一切，与他们的思想有很大关系——有了积极向上的思想，一个人才能努力拼搏，才能有所成就。因此，我们所面临的最大问题，就是如何调整好自己的心态，选择正确的思想。

被誉为"世界顶尖的人生导师"的安东尼·罗宾在一次培训课上问他的学员："如果你吃下一大碗蟑螂，就可以赢得 1 万美元的奖金，你愿不愿意试一试呢？"

在场的绝大多数人都表示不敢去试。他们给出的理由是，看着蟑螂都恶心，因此，不可能想去吃它。

然而，当罗宾把奖金提高到 10 万美元后，课堂上开始有些骚动，有极少数人举起了手。

此前他们根本就不考虑，认为"这不可能"，怎么现在又决定要为 10 万美元的奖金去试一试呢？仔细想想也不难理解，现在问题变了，虽然只变动了一个数字，但是 10 万美元的诱惑力比 1 万美元大很多。有了这笔钱，就可以解决不少生活中的问题。在这种前提下，吃掉这一碗蟑螂的痛苦是可以忍受的。

接着，罗宾宣布把奖金提高到 100 万美元。有了这 100万美元，这辈子就可以不必再为生活而奔波劳苦了，去吃一碗蟑螂，这点小小的痛苦算得了什么？然而，还是有人不愿一试。不管罗宾怎么往上加钱，都有人坚决表示："我吃不下活生生的东西。""一想到它们可能在我的胃里爬来爬去，我就受不了！"

然而，有一位学员却与众不同，他说："吃蟑螂再容易不过了。"可是，他并不是为了钱，而是为了好玩。因为他来自某个国家，在他们的国家里，包括蟑螂在内的某些昆虫，被视为美味。因而，对他来说，吃一碗蟑螂并不是一件难事。

不同的人竟有如此悬殊的想法和体验，是不是很有趣？人类之所以不同于其他生物，就是因为人的思想具有极强的改造能力，可以把任何东西或想法转换或改变成能让自己觉得快乐或有用的东西。

所以，在很大程度上，我们的境况不全是由周围的环境造成的，我们并非完全无能为力。说到底，如何看待人生，由我们自己决定。无论在任何环境中，人都有一种自由，就是自己的态度。具体该怎么做呢？

心理学家用看电视的例子来解释这个问题。如果你希望这台电视机能呈现出极佳的色彩和声音，首先要做的就是接上电源，打开电视。让你自己处在"有能力"的状态，就好比你给自己接上了电源，而积极的心态就是很好的"电源"。

当然，就算接上了电源，打开了开关，你还得把电视机调到正确的频道上，才能看到你想看的节目。你得把关注的重点放在使你振奋的方向上，放在任何使你感兴趣的事物上。也就是说，要调整好心态，关注生活中那些正面的、应该多关注的事物。

心理学家指出，人与人之间只有很小的差异，但这些很小的差异往往会造成巨大的差异！很小的差异是指你所具备的心态是积极的还是消极的，巨大的差异是指你的生活是自由快乐的还是被动压抑的。

我们和那些值得我们羡慕的成功人士之间最大的区别是什么呢？不是条件和机遇不同，而是态度不同：在同样的苦难中，我们沉迷于追问陷入苦难的原因，而他们执着于寻找解决苦难的办法。在同样的挫折中，我们否定自己，就等于断送了自己，与本应随之而来的机遇擦肩而过；他们肯定自己，就等于成就了自己，得到了自己所期望的结果。

希望和信念能够激发出一种坚不可摧的巨大力量。这种力量不但能帮助我们战胜各种困难，还能把不幸变成发现机遇的台阶。

不同的信念、不同的心境，会影响人的行为和周边环境。所以，不论遭遇任何困难，都应该以积极的心态去面对。如果你不满意现在的境况，就必须改变你的思想。不要说自己做不到，而要问自己做了没有，做得对不对。

请相信，人是自己生活的主人，是心态、环境和命运的创造者。

把一手烂牌打好

一位著名作家说："人这一辈子，不要在乎拿没拿到一手好牌。把一手烂牌打好，才叫本事。"

无论在工作中，还是在生活中，我们总能听到一些抱怨，甚至有的人好像从来就没有顺心的事。与他在一起，总会听到他在不停抱怨，诉说着自己的不满和烦恼。

其实，人生在世，不如意事十之八九。每个人都会遇到不顺心的事，都会遇到烦恼，都会遇到挫折和困难。"万事如意"不过是人们的美好祝愿而已。问题的关键在于，我们如何去面对挫折和困难。明智的人会坦然面对，或者一笑了之，或者抛诸脑后，或者转移注意力，去做自己该做的事情。因为他们懂得世上有些事情是不可避免的，有些事情是无力改变的。

比如，台风带来暴雨，地下室变成了一片沼泽，你不断抱怨天气又能怎样呢？鸟粪从空中掉在你的头上，你能去抱怨鸟不懂礼貌吗？我们没有能力控制风雨和鸟。同样，我们也难以控制他人和社会。既然无法改变，就应该泰然处之，努力调整好自己的心态。万万不可掉进抱怨的陷阱，总是把那些不如意的事情挂在嘴边。抱怨不仅于事无补，还会把自己的心情搞得非常糟糕，影响自己的健康。

一个乐观的人说："如果给我一个柠檬，我就去做一杯柠檬水。"而有些人的做法常常相反。要是发现生活给自己的仅仅是一个"柠檬"，他就会自暴自弃地说："我不行了，这就是命运。命运太不公平，我已经没有机会了。"于是，开始喋喋不休地抱怨。其实，挫折和困难具有双重性。它们可以扰乱你的情绪，摧毁你的斗志；也可以历练你的心智，增加你的智慧。关键在于，你自己应对困难的态度和思考解决问题的角度。

拥有智慧的人，在面对种种障碍和困难的时候，所表现出来的情绪和行为与普通人所表现出来的有很大差别。他们知道，麻烦和困难不会因为自己的抱怨而自动消失。与其抱怨，不如坦然接受，或努力改变。他们会先尽力去查找产生问题的原因，并思考：有没有解决问题的办法？自己有没有解决问题的能力？必要的时候可以向谁求助……

有人说："尽管我看不见太阳，但我可以感受到阳光的温暖；虽然我不能看到大海，但是我可以倾听海浪的声音。"没有一丝的抱怨，没有一丝的颓废，有的只是自信和乐观。曹晟康就是这样一个乐观和自信的人。

曹晟康8岁的时候因车祸致盲，读书很少。家里人曾劝他去学习二胡或者算命，这样以后可以靠这些东西来维持生计。但是曹晟康不甘心过这样的生活，他想拥有更好的生活。他坚持听收音机，这使得他能够更多地理解外面的世界，学习新的知识。

19岁的时候，他开始学习盲人按摩，然后努力工作、攒钱。在能养活自己之后，他有了更高的追求，取得了参加残奥会的资格，最后还拿到了一枚奖牌。

此后，他每年都要拿出两三个月的时间去旅行。4年内，他走遍了我国的 31 个省、自治区。后来，他又环游世界。在 6 年多时间内，尽管他不会英文，没有助理，也没有导盲犬的帮助，但他环游了五大洲，到过 38 个国家。

在旅行的过程中，他遇到了很多波折和困难，也遇到了一些美妙的、值得珍惜的事物。即便无法用眼睛看到，他仍然能够用心去倾听。

在旅行的过程中，他内心有了很多感悟，后来写成了一本书：《不和世界讲道理》。用他自己的话说就是："我看不见世界，那就让世界看见我。"他成了中国第一位盲人旅行家，同时也是第一个登上非洲乞力马扎罗山的中国盲人。他越走越远，走出了一片广阔的天地。

依靠乐观和坚定的信念，一个正常人都不一定能够做到的事情，身为盲人的曹晟康却做到了。

在现实生活中，每个人都可能会遇到失业、卧病不起、考试落榜、婚姻失败等挫折。在种种挫折面前，大多数人都会抱怨时运不济，命运不公。有的人还会抱怨家庭，抱怨他人，抱怨社会。当一个人抱怨没有机会的时候，机会正从他身边溜走。成功不仅来自辛勤的耕耘，更来自改变自己和定位自己。社会上有那么多行业，找对位置，准确定位，总有适合自己的工作，适合自己的活法。

改变自己很重要

很久以前，人类都是赤脚走路的。

有一天，一位国王忽然心血来潮，要到那些偏远的乡间旅行。因为道路崎岖不平，遍地都是碎石子，没走多远，国王的双脚就被硌得疼痛难忍，只好败兴而归。

回宫后，气急败坏的国王一边命人往自己被硌破的双脚上敷药，一边愤愤不平地下了一道旨："为了避免今后再次伤到我的脚，把全国的道路都用牛皮铺起来。"手下的大臣们都为难了。因为即使把全国的牛都杀掉，剥下所有的牛皮，也是不够用来铺路的。

这时，有一个聪明的仆人斗胆向国王进言说："与其那样，不如想办法把您的脚保护起来。况且，就算劳师动众，杀掉全国的牛，也不能改善所有的路。而只要有两片牛皮，就能把您的脚保护起来。"

国王觉得有理，立刻收回成命，采纳了仆人的建议。于是，世界上就有了鞋。

遇到问题的时候，少抱怨他人和社会，多检视和改变自己，才是明智的做法。很多人都渴望改变世界，但往往忽略了改变自己的重要性。改变世界不是一件容易的事情，但是通过改变自己的态度和行为，我们每个人都会对世界产生影响。

英国一位著名主教的墓志铭如下：

少年时，我意气风发，踌躇满志，当时曾梦想改变世界。但当我年事渐长，阅历增多时，发现自己无力改变世界。于是，我缩小了范围，决定先改变我的国家。可是，这个目标还是太大了。接着，我步入了中年，无奈之余，我将试图改变的对象锁定在最亲密的家人身上。但天不遂人愿，他们个个还是维持着原样。我到了垂暮之年，终于顿悟：我应该先改变自己，用以身作则的方式影响家人。如果我能先成为家人的榜样，也许下一步就能改变我的国家；再后来，我甚至可能改变整个世界。

不错，自己先改变了，身边的一些人才有可能会跟着改变；身边的一些人改变了，社会上更多的人才有可能会跟着改变；更多的人改变了，世界才有可能会改变。从这个意义上来说，先改变自己，才有可能改变世界。

一个农夫的葡萄园，四面都被很高的墙围着。一只狐狸盯上了里面的葡萄。它在四周仔细寻找，终于找到了一个洞。可这个洞实在太小了，狐狸只得饿自己三天，让自己瘦下来，然后钻进洞去。

葡萄园的葡萄非常味美可口，狐狸足足吃了三天。可是这样一来，吃胖了的狐狸又钻不出去了。无奈之下，狐狸只好又饿了三天，才从那个洞里钻出来。它钻出来的时候，又瘦得和进来时一样了。

聪明的狐狸知道自己没有能力去改变这个洞的大小。于是，它选择了改变自己。这样，自己就能轻松地吃到葡萄了。如果它在抱怨中等着这个洞自己改变，就很可能永远吃不到葡萄。

如果不改变自己，只期望环境有所改变来适应自己，这种想法不仅是愚蠢的，更是危险的。如果狐狸坚持这种想法，吃完葡萄后就只能面对被捕猎的命运。

"君子求诸己，小人求诸人。"改变自己总是比改变别人更容易。我们对世界的态度，决定了我们将拥有怎样的世界，抱怨解决不了任何问题。

有一对夫妻，丈夫嗜酒如命，每天都喝得醉醺醺的，而妻子却整天沉迷于打麻将。

他们有一对双胞胎儿子，从小同吃同住，一起长大。

结果，30年后，两个孩子的命运却截然不同。

大儿子喜欢学习，努力读书，考上了大学。毕业后有了稳定的工作，拥有了幸福美满的家庭。

小儿子像父母一样整天酗酒打麻将，没钱就去偷。都30

岁了，不但没找到对象，还被判刑进了监狱。

生长在同样家庭的兄弟俩，命运为什么如此不同呢？

邻居非常好奇，经过询问才发现，面对同样的父母，他们的想法和做法却完全不同。

小儿子说："我有这样的父母，只能受他们的影响。除了学他们的样子，我还能怎么做呢？"

大儿子却说："我虽有这样的父母，但不想受他们的影响。所以我加倍努力，不想活成他们的样子。"

总是抱怨环境的人，生活只会原地踏步，甚至把生活过得越来越糟；唯有选择改变的人，才可能使生活变得更加美好。

很多人在生活中喜欢抱怨的一个重要原因是总喜欢盯着别人，羡慕别人，与别人攀比；而对于自己拥有的东西却并不在意，不珍惜。父母总抱怨子女不够听话，子女总抱怨父母不理解他们；男朋友抱怨女朋友不够温柔，女朋友抱怨男朋友不够体贴。然而，他们为什么不想一想：能拥有健全的父母、健康的孩子、亲密的朋友是一件多么幸福的事情啊！

一位著名的作家说过这样一句名言："一个女孩因为自己没有鞋子而哭泣，直到她看见一个没有脚的人。"人，不应该总盯着想要得到的东西，而应该学会享受所拥有的东西。倘若做到了这一点，就可以多一些宽容，多一些快乐，少一些抱怨。一个能够享受人生的人，不在乎拥有多少财富或地位有多高，也不在乎成功或失败，而在乎自己拥有什么！这种态度才是可取的。

当然，每个人一定会有许许多多的不满足，如拥有的财富、掌握的权力、享受的物质、获得的幸福等。不满足并不总是坏事，在某种程度上它能够成为你进取的动力。但是，千万不要因为盲目羡慕别人、盲目追求物欲，而掉进物欲的陷阱。

不要抱怨生活。我们知道，人都有一种本性，叫作"贪婪"。即使在别人眼里，有些人的生活已经很好了，但是他们还会经常抱怨这、抱怨那。生活就像自然界，有阳光、有风雨，有春风、有冬雪，就看你如何对待它了。乐观地对待生活，你就会感到非常快乐；悲观地对待生活，你就会过得很悲惨。马克·吐温晚年时曾感叹道："我一生有太多的忧虑是从未发生过的，没有任何行为比这无中生有的忧虑更愚蠢的了。"

生活中没有什么是一成不变的。我们要学会适应变化，适应生活。要相信：我们的生活是美好的，一切都会变好。要学会乐观地对待生活，充满自信地面对生活中的挑战。只有这样，幸福的大门才会永远为你敞开。

每个人在成长的道路上都避免不了要走一些弯路，或多或少都会遇到一些挫折和磨难。几乎每个人在生活中都要面临一些坎坷，经历一些风吹雨打。有许多事我们自己根本就控制不了，但是我们可以决定自己的态度。如果你不想让别人掌握你的命运，就不要一味地强调客观环境，而要关注自己该怎么做。我们应该努力去战胜挫折，扭转局面，而不是抱怨、担忧或逃避。只有这样，才能把握住自己的命运，开创理想的人生。任何时候都不要忘记：抱怨，解决不了任何问题。

有这样一个人，他平均每天都会花费两三个小时去抱怨。他每天通过微信聊天或谈话，跟别人讲述命运对自己如何不公，自己正在面临多么糟糕的局面。10年过去了，这个人从来没想过通过自身的努力去改变自己的处境，困扰他的那些问题也没有消失或减少，反而随着时间的推移，积攒得越来越多，越来越难以解决。因为他习惯于消极抱怨，朋友和同事都对他敬而远之。

一位著名的投资人曾很看好一家公司，决定投资它，但后来又改变了主意。原因是什么呢？原来，在会谈的时候，他发现这家公司的老板特别消极，总是没完没了地抱怨。这位投资人认为，和这样的老板合作没有前途。

与其在抱怨中失去机会，不如在改变自己中练就本领。"遇到障碍我会诅咒，然后搬个梯子爬过去。"这是一位亿万富翁的一句格言。是的，人生中不可能没有挫折，没有阻碍，关键是你如何对待挫折、对待阻碍。"搬个梯子爬过去"，你就可能成功。没完没了地抱怨，你就只能被挡在成功之外。

别让你的生命停留在怨天尤人上，从现在开始，只有改变思维，改变认知，改变心态，改变自己，才能掌控好自己的人生，开创美好的未来。

不仅要看环境，还要分析对手

起源于 19 世纪中叶的美洲杯帆船赛，是帆船赛中影响最大、水平最高的赛事。与奥运会、世界杯足球赛和一级方程式赛车，并称为"世界范围内影响最大的四项传统体育赛事"。因此，夺取冠军对每个参赛团队来说，都有巨大的诱惑力。

1983 年，当美洲杯帆船赛进入决赛阶段时，上届冠军美国队与挑战者澳大利亚队展开了角逐。

赛前，美国队准备充分。由于获得了一大笔赞助费，他们设计了新型的帆船龙骨，组建了最高水平的帆船团队，还找了一个有丰富航海经验的老船长带领这支团队。因此，美国队对这次的冠军志在必得。

正式比赛开始后，正如预料的那样，美国队一路高歌猛进，一直把澳大利亚队甩在后面。离终点还有 3 海里（1 海里 ≈ 1.85 千米）的时候，美国队领先了对手 4 海里。从帆船比赛的规律或惯例来讲，离终点这么近，领先优势这么大，美国队肯定要夺得冠军了。

当时，美国很多记者和媒体都已经开始撰写美国队获得冠军的新闻稿了。但是，在比赛即将结束的关键时刻，意想不到的事情发生了——海风转向了。大家都知道，帆船是用风作为动力的，只有把船帆的角度调整好，才能•有效地借助风力，使赛船又快又稳地驶向终点。

这时，美国队面临着一个重要的决策：要不要调帆？因为海上的风有两种：一种叫阵风，一直刮；另一种叫旋风，特点就是刮过去还会刮回来。比赛的船队必须根据判断做出决定：如果是阵风，就应该调帆；如果是旋风，就不能调帆。

大家都看向老船长，等待老船长拿主意。凭借丰富的航海经验，老船长做出了判断：这风是阵风，建议立即调帆。于是，美国队把帆调过来了。

出乎大家意料的是，他们所遇到的风，是像阵风一样的旋风。没办法，判断和决策失误的美国队只好又把帆调回来。这番操作耗费了大量的体力，船员们筋疲力尽。最要命的是，帆船由于受调帆的影响，在很长一段时间内原地打转。

　　澳大利亚队没有调帆，乘机全力驶向终点，在离终点大概还有2海里的地方，超越了美国队，最终获得了冠军。失利的美国队船员，抱着船上的桅杆流下了遗憾的泪水。

　　比赛结束之后，美国的新闻报道说："命运女神戏弄了我们，上帝在最后时刻抛弃了我们，胜利之神离我们而去。"

　　美国队失败后，老船长承受了不少指责和谩骂。但是，也有头脑冷静的人，反对把失败的责任推给老船长：天气是有随机性的，毕竟谁都不能决定刮什么风。

　　在大家争论不休的时候，一位经济学家站出来指出，老船长应该承担全部责任，这次的失败虽然跟天气有一定的关系，但是关键还在于指挥者。这位经济学家说："假如我是那个船长，在这种占据绝对领先优势的情况下，遇到海风转向，我就能保证100%获得冠军。"他解释说，当海上的风转向的时候，短时间内的确很难准确判断风的类型。在这种情况下，调整或不调整帆，都有犯错的风险。这时，最重要的不是避免犯错，而是避免因错误的判断失去领先优势。为了做到这一点，有一个非常简单而有效的办法，那就是去看看你的竞争对手——必要时可以借助高倍望远镜。对手调帆，你就调帆；对手不调帆，你就不调帆。这样做，如果调对了，你继续领先4海里；调错了，你也还是领先4海里；即使双方都原地打转，你仍领先4海里。因此，借助先前的领先优势，完全可以胜券在握。

上面的故事，蕴含着深刻的人生哲理，有些表面上看起来只能听天由命靠运气的事，其实有很大的人为努力空间。关键是要找对方向，做对决策。

好的决策是通过对环境的分析和适应做出的。对普通人来说，在人生的战场上要想脱颖而出，不仅要看自己的实力，还要看对手采取什么样的措施。

若在竞争中暂时落后，不要气馁，不要过早地认输甚至放弃，正如曹雪芹在《红楼梦》中所写的："好风凭借力，送我上青云。"本来一路逆风，说不定什么时候就会转变为有利于你的风向。

即便实力确实不如别人，也不必沮丧或怨天尤人。要相信：就算在实力强大的对手面前，你仍然有胜出的机会。为了说明这一道理，我们先举一个有意思的例子。

在美国西部的小镇上，三个枪手准备进行一场生死较量。枪手甲枪法精准，十发八中；枪手乙枪法不错，十发六中；枪手丙枪法拙劣，十发四中。假如三个人同场决斗，同时开枪，谁活下来的概率大一些？

经过详细分析，数学家得出的结论是：枪法拙劣的枪手丙活下来的概率最大，而枪法最好的枪手甲则最小。对这一结论，你是不是觉得很意外？

我们来分析一下。

假如这三个枪手相互之间充满仇恨，甲的最佳策略是向乙开枪，因为这个人对他的威胁最大。因此，他的第一枪不可能瞄准丙。同样，对乙来说，他也会把甲作为第一目标。因为一旦把甲干掉，下一轮（如果还有下一轮的话）他和丙对决，他的胜算较大。相反，如果他先打死丙，即使自己暂时活了下来，到了下一轮与甲对决时也是凶多吉少。而丙呢，他所选的目标人物也是甲。因为不管怎么说，乙还是比甲的枪法差一些（尽管比自己强）。反过来说，如果丙下一轮一定要和其中一个人对决的话，他会选择乙，因为自己获胜的概率要比对决甲大一点。于是，第一轮枪响后，甲还能活下来的概率非常小（只有将近10%，而乙是20%，丙是100%）。

通过概率分析不难看出，丙很可能在第一轮对决中会成为胜利者。即使乙幸运地活下来，在下一轮的对决中也并非十拿九稳，毕竟丙也有胜出的机会。而三个人中作为强者的甲，却面临着最大的生存风险。

从这个案例中我们不难看出一个道理：在生活中要想胜出，需要考虑很多因素，强者并不一定能赢。

或许这个例子有些极端，但是类似的现象在生活中并不少见，包括我们熟知的"龟兔赛跑"的故事。根据这类现象，奥地利经济学家鲁尼恩总结出了一个非常著名的定律：赛跑时快的不一定会赢，打架时弱的不一定会输。竞争是一场长距离的赛跑，一时的领先并不能保证最后的胜利，现实中阴沟里翻船的事也没少发生。同样，一时的落后并不代表会永远落后。只要不轻言放弃，奋起直追，你仍有可能会成为笑到最后的人。心理学家称这种效应为"鲁尼恩定律"。不管怎么说，为了在生活中占据主动，除了关注自身状况，还要充分了解和考虑对手的情况。

《孙子兵法》中强调："知彼知己，百战不殆；不知彼而知己，一胜一负；不知彼，不知己，每战必殆。"这就是说，战争不能光拼力气，还需要经验和智慧。主帅不仅需要了解自己队伍的具体状况，熟知自己的兵将、装备、战斗力等；还需要对敌人进行调查、分析，需要通过情报充分地了解敌人，才能保证取得胜利。这一思想对于指导我们的生活具有重要的意义，即使我们处于被动局面，也千万不要放弃努力和尝试，我们仍有可能争取到最有利于自己的结果。

某个囚犯被单独监禁。狱警已经没收了他的鞋带和腰带，他们不想让他伤害自己。他们要留着他，以后还有用。

这个不幸的囚犯用左手提着裤子，在单人牢房里无精打采地走来走去。突然，他闻到了万宝路香烟的味道。他很想立即抽上一支。

通过门上一个很小的窗口，他看到走廊里那个孤独的狱警正深深地吸一口烟，然后美滋滋地吐出来。

囚犯用右手指关节轻轻地敲了敲门。

狱警慢慢地走过来，傲慢地问道："你想干什么？"

囚犯回答说："劳驾，请给我一支烟。就是你抽的那种——万宝路。"

显然，狱警认为他是没有资格享受这种待遇的。所以，他嘲讽地哼了一声，就转身走开了。

这个囚犯却不这么看待自己的处境。他认为自己能够让狱警屈服。他想冒险验证一下自己的判断。所以，他又用右手指关节用力地敲了敲门。这一次，声音明显大了很多。

那个狱警吐出一口烟雾，恼怒地扭过头，问道："你又想干什么？"

囚犯再次提出要求："劳驾，请你在30秒之内把你的烟给我一支。否则，我就用头撞墙，直到弄得自己血肉模糊，失去知觉为止。如果监狱的管理人员过来救我，我醒过来后，就说是你伤害了我。当然，他们绝对不会相信我。但是，想一想，你必须因此出席好几次听证会，你必须向别人证明自己是无辜的。再想一想，把你卷入这种麻烦的原因——所有这些都只是因为你拒绝给我一支万宝路香烟！我就要一支烟，保证不再给你添其他麻烦。"

　　狱警立即从小窗口塞给囚犯一支烟，并且，替他点着了火。为什么呢？因为这个狱警看到了事情的利弊。这个囚犯看穿了狱警的心理，抓住了他的弱点，因此很轻易地掌控了他的行为，迫使他满足了自己的要求。

　　因此，要想获得理想的人生，不仅要关注自己的情况，还要关注对手的情况，实际上这就涉及博弈学的知识了。比如，了解了"鹰鸽博弈"，在生活中我们就能确定最有利于自己生存和发展的策略——究竟应该强硬些，还是温顺些，取决于你的生活环境中其他人所采取的策略。

　　鹰凶猛好斗，从来不知道妥协；鸽子温顺善良，避免冲突，爱好和平。哪个习性更适合生存？心理学家根据两种动物习性提出了"鹰鸽博弈"理论：

　　当两只鹰同时发现食物时，互相争斗，两败俱伤，两者的收益都是-2；当两只鸽子相遇时，分享食物，各自的收益都是1。当鹰和鸽子相遇，鸽子逃走，鹰独得全部食物，鹰的收益是2，鸽子的收益是0。

　　乍一看，鹰和鸽子相处，总是鹰占便宜。既然如此，为什么世界上还有鸽子存在呢？

　　原因在于，成为鸽子也有好处。假如没有鸽子，全部是鹰，它们就会互相伤害，到处争斗。这时，鹰鸽博弈就会有两个纯策略均衡，即一只鸟成为鹰，另一只鸟成为鸽子。因此，鹰和鸽子的数量会保持一个相对稳定的比例。当鹰的收益高于鸽子时，有些鸽子就会成为鹰派；当鸽子的收益高于鹰时，有些鹰就会成为鸽派。

根据鹰鸽博弈理论，是否调整策略，要视博弈情境而定。可以计算出：如果鹰占比小于1/3，做鹰派的收益更大；如果鹰占比大于1/3，做鸽派的收益更大。因此，理想的状态是：鹰和鸽子的数量比例稳定在1:2。这就帮助我们理解了一种常见的社会现象：为什么生活中总是有少数鹰派和多数鸽派？

如果社会中的个体可以更自由地选择与鹰派或者鸽派相处，那么鸽派的生存优势更大。

那么在生活中，为了更好地生存，你是选择做鹰派还是做鸽派呢？

简单地说，最佳的选择就是加入"少数派"。如果团队中鹰派人数较多，那么势必会争斗不休，内耗严重。此时，做鹰派只会互相伤害，不如做鸽派抱团取暖。而如果团队中大部分人是鸽派，你做鹰派就相当于狼入羊群，必有利可图。

看来，生活中处处都离不开智慧。

第二章

有知识，不一定
就有洞察力

追求学问，不如历练智慧

电影《教父》里有这样一句台词："花半秒钟就能看清事物本质的人和一辈子都看不清的人，注定会拥有截然不同的人生。"看清事物的本质靠什么？也许有人会回答：知识。但我认为这种答案是错误的。有知识，不一定就有洞察力，正确的答案应该是：智慧！有知识不等于有智慧。

英国著名学者洛克曾对"智慧"做过论述："我对于智慧的解释和一般流行的解释是一样的，它使得一个人能干并有远见，能很好地处理他的事务，并对事务专心致志。"他把绅士教育理解为"四件事情"，就是"德行、智慧、礼仪和学问"，并且认定在这四件事情中，学问最不重要，而智慧最为重要。

爱因斯坦非常赞同"智慧最重要"这一观点。他在1921年获得诺贝尔物理学奖后访问美国。当他到达波士顿后，一个记者问他："声音的速度是多少？"

爱因斯坦当然知道答案，但是他拒绝回答，只是说："你可以在任何一本物理学教科书上找到答案，没有必要记住。大学教育的价值，不在于学习很多事实，而在于训练大脑学会思考。"

爱因斯坦这里说的"事实"就是知识。知识当然重要，但是知识不是教育的全部内容，知识不等于智慧。知识是关于已知事物的规律，而智慧主要关注的是未知的世界，是在解决各种未知中生发出来的不可复制的才能和创意。知识和智慧的最大不同在于，知识是死的，只适合特定的情况；智慧却是活的，富有创造性，能够随机应变。知识只有转化为智慧，才能显示出它的价值。

爱因斯坦为我们提出了一个关于教育价值的重要命题：教育的价值不是记住很多知识，而是训练大脑的思维。也就是增加人的智慧，提升认知。

曾任哈佛大学校长的德雷克·博克在《回归大学之道：对美国大学本科教育的反思与展望》一书中，基于他多年对大学教育的观察、研究和反思，提出了很多独具特色且有参考价值的观点。

博克把大学本科生的思维模式分为三个阶段：

第一阶段是盲目相信阶段。学生认为学到的知识是千真万确的，主要原因在于他们所学的知识有限且认知不足。

第二阶段是迷茫困惑阶段。上了大学之后，接触到各种各样的知识，包括各种对立的学派，如江河冲入汪洋，不同的浪花冲突、激荡，感觉无法判断这个世界的真相到底是怎样的。

第三阶段是批判性思维阶段。这是人的思维成熟阶段，也是人的思维发展的高级阶段。"批判性"不同于倾向于否定的"批判"，而是指思辨式的评判，多是建设性的、创新和发展性的。在这个阶段，学生不再无条件地接受专家和权威的结论，可以在各种不同说法之间，通过分析、取证、推理等方式，做出自己的判断和解释，知道哪一种说法更靠谱，更值得去遵循。

博克观察到，大多数本科生的思维水平都停留在第二阶段，只有少数学生的思维水平能够进入第三阶段。当今世界到处都是有知识的人，但是有智慧的人却凤毛麟角。而只有进入第三阶段，也就是智慧阶段，才能够成为各行各业出类拔萃的领军人物。

具有批判性思维是拥有创造力的基础，因为只有通过深入思考和分析才能产生有价值的想法。一个人如果缺乏批判性思维，就很难产生有创造力的想法。

当然，这绝对不是在否认知识的价值，因为批判性思维由知识、好奇心和想象力、价值取向等因素决定。批判性思维一定要以坚实的知识为基础，但是它属于智慧，比知识和人们常说的学问更重要。

知识通常会随着受教育年限的增加而增多。但是，好奇心和想象力与受教育年限的关系，并不像知识与受教育年限的关系那么简单，常常取决于教育环境、教育方法，更重要的是个人的悟性。

通常，儿童时期的好奇心和想象力特别强。但是随着受教育年限的增加，好奇心和想象力很可能会递减。这是因为，知识体系都是有框架、有假定的。好奇心和想象力往往会挑战这些假定，批评现有的框架。当然，这些批评在绝大多数情况下并不一定正确，所以常常会被否定。这就在客观上产生了压制与否定好奇心和想象力的效果。难怪爱因斯坦感叹过："好奇心能够在正规教育中幸存下来，简直就是一个奇迹。"

因此，我们会看到一种奇怪的社会现象：接受更多的教育，一方面有助于增加知识而提高创造力，另一方面又因为减少了好奇心和想象力而减少了创造力。这两种力量的合力，使得教育对创造性人才产生的作用变得不那么确定。这就很好地解释了，为什么一些中途退学的大学生能够在创业方面做得更优秀。

但是，真正有悟性的人，具有批判性思维的人，一定是有主见、能明辨是非的人。面对批评和否定，他们会有自己的思考和判断。因此，他们的好奇心和想象力不会轻易被扼杀。所以，增加人的智慧、提升人的认知比仅仅给他们传授知识更重要。

有趣的是，西方学者的这些观点非常契合佛家的看法。佛经中指出，如果仅有渊博的知识，而无明净的智慧，就等同于睁着双眼的盲人，所说所见，都是盲人摸象。

释迦牟尼的弟子中，阿难尊者是多闻第一，他把佛在各个时段所讲的佛法都记得清清楚楚，被形容为"如瓶泻水"，从佛的口中进入阿难耳中，一字不少、一义不漏地全部接受。但他直到释迦牟尼涅槃时，尚未悟入智慧，尚未修成罗汉。可见，多闻和智慧并没有绝对的关系。

佛教强调，智慧是最重要的。很多信佛的人会想："我的目的是了悟生死，那我就关起门来诵经、拜佛、念佛就好了，其他的就不用做了。"而高僧却明确指出：这是不行的。佛是福、慧两足，因此要福慧双修。福和慧就像鸟的两只翅膀，少了一只，就飞不起来。"修福不修慧，大象挂璎珞；修慧不修福，罗汉托空钵"。意思是，修福德不修智慧的人就像大象，身上挂了很多装饰品，但它再怎么装饰也是没有智慧的大象；修智慧不修福德，即使是罗汉，也会要不到饭吃，只能挨饿。因此，福慧不圆满是不能成佛的。

世间的人往往想得最多的是怎样对自己最有利，尽管每天忙忙碌碌地追名逐利，但因没有智慧，认知不足，不知道做什么才是对自己最有利的事情。所以，要提升认知能力，分清功德和过患。如果是功德，就要尽心尽力地去行持；如果是过患，就要去克制、减少直至消除。由此可见，智慧极为重要。人一旦有了智慧，世间的名誉、福德会自然随之而来。

古希腊的学者也认为智慧是最重要的，并留下了很多经典的故事，讲述他们在这方面的思考和验证。

一个夏日的夜晚，天气非常闷热，不少人都坐在广场上乘凉。这时，古希腊哲学家泰勒斯仰面朝天慢慢地向广场走来。由于他一心一意地仰头观察着天上的星星，不慎掉进了一个土坑里。

旁边一个爱说风凉话的人当众嘲笑泰勒斯说：“你自称能够认识天上的事物，却不知道脚下是什么。看来你真的是没白研究学问，跌进坑里就是你的学问给你带来的好处吧？”这一挖苦引来周围人的一阵哄笑。

泰勒斯从坑里爬了上来，掸去身上的泥土，镇定地回答道：“只有站得高的人，才有从高处跌进坑里的权利和自由。像你这样不学无术的人，是根本享受不到这种权利和自由的。没有知识的人，本来就躺在坑底，怎么会有机会从上面跌进坑里呢？”

泰勒斯看到周围的人因为自己的贫穷寒酸而谴责哲学无用处，决心找机会来驳斥这种说法。

有一次，他通过观察星象，预见来年将是橄榄大丰收的一年。因此，在冬季的时候，他就凑集了一笔钱，租赁了当地全部的橄榄榨油作坊。由于大家不知情，没人和他竞争，所以租金十分便宜。到了来年，果然橄榄获得大丰收，人们纷纷要求租用油坊。这时，泰勒斯转而高价出租这些油坊，结果大大赚了一笔。

有人嘲笑哲学家泰勒斯只知道仰观星象，不谙世事，而泰勒斯则用实际行动证明了自己的智慧。掌握了一定的知识，提升了对宇宙的认知，具备人生的智慧，想要实现自己的理想是非常容易的。

孔子说："工欲善其事，必先利其器。"我们可以把智慧看作一种锐利的武器。智慧对于个人的发展，如同健康对于身体。智慧教人明辨是非，透过现象看本质，找到合适的解决问题的方法，审时度势后再择时而动，避免迷失方向或不停地走弯路。

聪明不等于智慧

生活中，很多人都活得不快乐。尽管物质丰盈，但是内心却是迷茫的。究其原因，就是因为智慧不足，认知能力低下，一生都处于摸着石头过河的状态，从而在不知不觉中远离了那些可能发生的生命奇迹，甚至逐渐失去了喜悦、爱、创造力和生命力。

人生最宝贵的财富是智慧。人生的第一要事，应是追求智慧。睿智的古人在造"智""慧"二字的时候，就显现出了他们的"智慧"。"智"，从"日"从"知"，日日求知，培养正念，才能成为"智者"；"慧"，手持"扫帚"在"心"上打扫，只有扫除错误的观念，才能越来越"聪慧"。智慧是一种悟性，一种境界，一种解决人生问题的艺术，一种不断提升自我的综合能力。

"智慧"和人们常说的"聪明"是有区别的。聪明的人头脑灵活，精打细算；善于权衡利弊，容易患得患失；注重人际关系，为人处世讲求方法和技巧。有时会有"狡猾"的成分，喜欢占便宜，有时会急功近利、唯利是图。在任何时代，聪明人都是少数的，他们在生活中常常十分引人注目。

个体心理学创始人阿德勒在《自卑与超越》一书中提出：如果一个人不顾别人和社会的需要，只专心于个人的优越，就可能产生优越情结。而具有优越情结的人可能会成为一个专横跋扈、自吹自擂、傲慢之人，这种人不太受社会欢迎。所以说，聪明人只是在智商、反应能力、应变能力、学习能力等方面具有优势。在社会上受欢迎的程度和聪明与否并不呈正相关。

聪明不等于智慧，学问家也不等于智者。有智慧的人，不仅聪明，最重要的是懂道理，是知事明理者。这类人往往大智若愚，善于藏拙；崇尚简单平实，主张返璞归真；世事通晓，性格豁达；目光长远，进退自如，宠辱不惊。不跟风，不媚俗，不附庸风雅，不画地为牢，只是用一颗平常心在善变的生活中以不变应万变。因为目光长远，不会看重一时一事的得失，所以他们更容易掌控全局，取得杰出的成就。

被选入棒球名人堂的传奇棒球手泰德·威廉斯，职业生涯的"安打率 0.344"和"521 个本垒打"，成了无人能超越的丰碑。他的秘诀是：把击打区分成 77 个格子。只有当球落在他认为最佳的格子时，也就是他最有能力打好的时候，他才会选择出击。除此之外，其他区域的球，他都不会去打。即使可能会丧失很多分，甚至因此而三振出局，他也在所不惜。因为挥棒去打那些落在"差"格子的球，会降低他的成功率。用他自己的话说："要成为一个优秀的击球手，就必须等到出现好球的机会才去击打。如果我勉强击打最佳的格子以外的球，只可能成为安打率为 0.250 的平庸击球手。"

智慧是一种行为而不是大脑的思考结果，是日常生活中的点滴，是日常生活中的习惯。习惯，决定了一个人怎样做事，怎样与别人相处，怎样与自己相处。智慧有助于一个人更好地发现自己，实现自己，完成自己的人生使命，并享受这一过程。

智慧比知识更加重要，掌握了人生智慧，提高了认知，就知道自己要学习哪些知识，怎么去学习，怎么去应用，就能更好地解决生活中的各种问题。在人生的路上，我们可以用智慧让平淡的生活变得丰富多彩，让复杂的生活变得简单轻松，把危机转变成机会，把知识转化为能力和财富，从而实现更加理想的人生。

我们要学会从生命的过程中去学习，从经历中积累经验，不断提高自己的认知，增加自己的智慧。要坦然地接受自己在生命过程中所呈现给自己的一切，学会与自己和解，做到没有内心的冲突。虽然生活不完美，有瑕疵，但我们仍可安心地享受当下。

所以，这里特别强调的一个"暗知识"是：努力去增加智慧，而不仅仅满足于积累知识，学习各种技能。知识在智者的手中，才会力量倍增。

将智慧内化为本能

有这样两个人：一个是大学里研究海洋学的教授，一辈子都在研究海洋，知道关于海洋的一切知识；另一个是在大海里打鱼的渔夫，一辈子生活在海边，工作在海里。他或许不知道洋流是怎么形成的，海洋各个位置存在什么样的生物，海底有哪些可用的矿藏。但是他知道什么样的天气不要出海，如何开船，什么季节应该去哪里捕鱼。

那么，你觉得这两个人谁对海洋更了解？

这样的问题，是不是不太好回答？类似的问题还有：成功的企业家和知名的管理咨询师，谁更懂企业的运营？

这里，再次揭示了"知识"和"智慧"的区别。可以说，大学教授和管理咨询师掌握了更多的知识，而渔夫和企业家则拥有了更多的智慧。智慧体现的是人们对已经拥有的知识的运用能力。可以说，智慧的本质是人的各种能力，包括感知、理解、联想、辨别、计算、分析、判断、决定等。有智慧的人，不仅关注知识的获取，还关注如何运用知识来理解世界、解决问题和指导行为。对某种知识的运用越娴熟的人，就是在某方面越有才能，或者说越有智慧的人。对人类历史发展做出过重大贡献的伟人，几乎都是有大智慧的人。

从知识获取的角度来讲，很多现代人比中西方的古圣先贤们更具有优势，特别是在知识的数量和丰富程度方面。但如果人们从拥有智慧的角度来考虑，很多现代人都远不及古圣先贤们所拥有智慧的九牛之一毛。

关于真正的智慧，《庄子·天道》中讲了一个很经典的"轮扁斫轮"的故事，大意是：有一天，齐桓公在堂上读书，堂下的一个做车轮的工匠轮扁问他读的是什么书。

齐桓公回答说，是古代圣贤的书。轮扁嘲笑齐桓公说，古代人既然已经死了，大王所读的书，不过是古人的糟粕罢了。

齐桓公很不高兴地问轮扁：为什么这么说呢？

轮扁解释说："我做轮子，榫头做得宽了，做出来的轮子就会松动而不牢固；做得窄了，做出来的轮子就会紧涩而嵌不进去。要不松不紧，得之于手而应之于心。我是有口说不出，但我知道其中一定是有奥妙的。我不能传授给我儿子，我儿子也不能从我这里继承下去。所以，我70岁了，还在做轮子。古人与他们不可传授的心得都已经消失了，留下来的都不是真正的智慧。所以，大王您所读的，不过是古人的糟粕罢了。"

轮扁所说的"真正的智慧"，就是我们要强调的一种"暗知识"，是把经验内化到身体感觉和记忆中，甚至内化成了本能，而且没办法用语言表达出来的东西。

关于这一点，佛经里阐释得非常清楚。

印度北方有一个叫作舍卫城的地方，佛陀在那里建立了一个为大众讲经说法的中心。有一个年轻人每天晚上都来听佛陀说法。这样过了好多年，年轻人却从来没有将佛陀的教导付诸行动。

一天晚上，年轻人提早到了，发现只有佛陀一个人，便走向佛陀说："佛陀，我心中常常有一个疑问。"

"哦？让我们一起来解决它吧。你的问题是什么呢？"

"佛陀，这么多年来，我一直来听您讲经说法。我注意到在您的周围，有许多出家的比丘、比丘尼，还有为数更多的居士，有男的，也有女的。其中一些人已经持续来您这里好几年了。可以看出，有些人确实已经达到了开悟的阶段，很明显，他们已全然解脱了。我还看到有些人的生活确实得到了改善，虽然我不能说他们已经完全解脱了，活得比以前好，但是，佛陀啊！我也看到很多人，包括我自己在内，还是跟以前一样。有些人则更糟，他们一点都没有改变，或者说他们并没有变好。佛陀，为什么会这样呢？人们来见您这样一位伟大、如此有力量又慈悲的人，您为什么不用您的法力与慈悲，让他们全都解脱呢？"

佛陀微笑着说："年轻人啊！你住哪儿？你从哪儿来？"

"佛陀，我住在舍卫城，就是憍萨罗国的首府。"

"是啊，可是你的样子看起来不像是舍卫城的人。你的故乡在哪儿啊？"

"佛陀，我是从一个叫王舍城的地方来的，那里是摩揭陀国的首府。几年前，我来到舍卫城定居。"

"那你是不是断绝了与王舍城的所有联系呢？"

"不是的，佛陀，我在那里不仅有亲友，而且还有生意往来。"

"那么，你一定时常往来于舍卫城与王舍城之间了？"

"是的，佛陀，我一年要到王舍城好几次，然后再回到舍卫城。"

"既然你已经往返于舍卫城与王舍城许多趟了，你应该很熟悉这条路了吧？"

"是啊，佛陀，我非常熟悉这条路。可以说，即使蒙上我的眼睛，我照样可以找到去王舍城的路，因为我已经不知走过多少次了。"

"那么，那些非常了解你的朋友，他们一定知道你来到舍卫城，然后定居于此吧？他们也一定知道你经常往返于舍卫城与王舍城，而且你也非常熟悉从这儿到王舍城的路吧？"

"是啊，佛陀，是这样的。"

"那么，一定有人会向你请教去王舍城的路怎么走。你不会有所隐瞒，而是会尽力说清楚吧？"

"佛陀，有什么好隐瞒的呢？我会尽我所知告诉他们：你们要先往东，走到波罗捺斯城，再继续往前，走到菩提伽耶，然后就到王舍城了。我会非常清楚详细地告诉他们。"

"那么，你给了他们详细的解释之后，是否所有人都到达王舍城了呢？"

"那怎么可能呢，佛陀？只有那些从头到尾走完全程的人，才能到达王舍城。"

"这就是我想向你解释的啊，年轻人！人们来见我，因为他们知道，我已经走过从此岸到涅槃的路了，所以对这条路非常熟悉。他们来问我：'什么是通往涅槃、通往解脱的道路'，而我有什么好隐瞒的呢？我十分清楚地跟他们解释：'就是这条路。'如果有的只是点点头说：'说得好，这真是一条正道！'可是一步也不踏上这条路，只是赞美：真是一条绝妙的正道啊！那么，这样的人怎么可能到达目的地呢？"

"我不会把别人扛在我的肩上，背他到目的地。没有任何人能把别人扛在肩上背到目的地。基于爱与慈悲，他顶多会说：'就是这条路，我就是这样走过来的。你也这样做，也这样走，你就能到达目的地。'但是每个人都得自己走，自己走这正道上的每一步路。往前走一步，你就接近目的地一步；往前走一百步，你就接近目的地一百步；走完了全程，你就到达了目的地。你必须自己走这条路。"

"开路靠前人，引路靠贵人，走路靠自己。"人生的道路崎岖曲折，我们正在走的这条路，很多人也曾走过。他们摸索出来的方法对策，积累下来的经验教训，正是我们登高望远的一级级阶梯。借鉴前人的智慧，我们不仅可以少走弯路，还可以走得更远。最终，能不能开创出新路，能走多远，达到怎样的高度，关键是靠自己的智慧和努力。如果我们不行动，就永远到不了目的地；如果我们不去实践，掌握再多的知识也没有用，也无法转化为真正的智慧。

孔子在《中庸》中说："博学之，审问之……笃行之。"王阳明也认为："真知乃能力行。"培养一个好的临床医生需要一个漫长的过程，是急不来的。很多步骤是省不了的，很多门槛是要一步步跨过去的，优秀的医生都是这么熬过来的。学习医学知识和临床技术是医生成长的基础，但是仅靠知识和技术是远远不够的，因为在面对各种复杂的临床情况时，医生需要的远远不止这些。

或许通过标准化的教学和培训，就可以成为一名合格的医生。但是，要想成为一名优秀的医生，仅靠这种标准化、结构化的教学和培训是不够的。要想成为一名优秀的医生，不仅需要好的临床老师的指导，更需要自己长期的实践和摸索。

医生学习到的临床知识都是普通病人的典型表现，在现实中，病人并不会按照教科书和学习指南生病，常常会出现各种复杂的情况。

实践多了，遇到的意外多了，经验丰富了，才可能灵活自如地应对各种情况。所以，遇到即使学了很多知识和技术，依然治不好病人的医学院毕业的博士，我们也无须大惊小怪。经验丰富的老中医，对同一疾病，针对不同的情况，开处方时可能"千人一方"，也可能"千人千方"，甚至"一人千方"。具体的奥秘，只掌握理论知识的年轻医生一时是很难把握的，只能通过大量实践去揣摩和积累经验。电影《后会无期》中的一句台词从另一个角度阐释了这一道理："不要以为'鸡汤'喝得多，人生就顺畅无忧了。"

金庸的武侠小说《天龙八部》的女主角之一王语嫣，自幼倾心、痴情于表哥慕容复，把一片芳心都托付给了他。为了讨表哥欢心，她强迫自己苦读丝毫不感兴趣的武学秘籍，日复一日，年复一年，逐渐成了一部"武学活词典"，对天下武功了如指掌。乔峰、司马林等人一出手，她就能说出对方所用的招式。她不仅熟知各门派武学的招式与路数，还懂得招式的实战技巧。在她的随口点拨下，段誉就能轻易反败为胜，击杀敌人，摆脱困境。但她本人绝不是武林高手，不能上阵杀敌，只是一位武术理论家。

很多人相信英国著名哲学家培根所说的："知识就是力量。"他们相信，通过读书、学习和掌握知识，就可以无所不能，让自己过上理想的生活。然而，有很多人读了十几年书，学了一肚子知识，却依旧无所适从，举步维艰，处处碰壁。

其实原因很简单，就是没有把知识转化为能力，没有把知识转化为智慧。

知识不等于智慧。但是，两者之间的关系是非常密切的。知识就是素材，智慧就是知道如何用素材制作出产品的能力。面对同样的素材，每个人做出来的东西各不相同。做得最好的人，一定就是最有智慧的人。最有智慧的人并不一定是掌握知识最多的人。但对有智慧的人来说，知识越多，可用的素材就越多，做出好东西的机会也就越多。所以，知识可以帮助一个人更好地运用自身的智慧。

智慧是动态的、主观的，是对知识的深刻理解和应用，是一种能够洞察事物本质的能力。它不仅仅是知道，更懂得如何去做才能解决实际问题。

20 世纪初，美国福特公司有一台电机出了毛病，影响了整条生产线的正常运转。但检修人员和专家都找不出问题所在，于是请来了美国艺术与科学院院士斯坦梅茨。他在静听电机空转声音并反复检查、计算多时后，用粉笔在电机的某个部位画了一条线，说："这里的线圈多绕了 16 圈。"技术人员按照他的指示检修，果然排除了故障，立即恢复了生产。

福特公司老板问斯坦梅茨要多少酬金，他报出了 1 万美元的价格。在场的人都吃了一惊。因为当时福特公司 5 美元的日薪已经是极高的工资水平了。斯坦梅茨解释说："画一条线，1 美元；知道在哪儿画线，9999 美元。"

福特公司最后全额支付了酬金，后来甚至为了得到他而收购了他所在的那家公司。"知道在哪儿画线"才是真正的知识，而这种知识从书本上是学不来的，必须经过自己的思考和探索，依靠自己的实践经验。

智慧是通过亲身感受和实践获得的，而知识则是通过抽象逻辑和复杂思考获得的对世界的认识。智慧需要通过一个人的思考，还有结合自身的经历和感受，变成具有创造性的东西。一个道理，只有自己真正领悟了，使用起来才能融会贯通。

为了避免成为知识的奴隶，努力成为智慧的主人，我们要有好奇心和探索精神，不断地追问"为什么"，不满足于表面的答案；我们要有批判性思维，不盲目接受任何观点，而是学会独立思考，辨别真伪；我们要有同理心，能够站在他人的角度思考问题，学会更全面地理解世界；我们要有反思的习惯，不断审视自己的认知和行为，在实践中学习和成长。

为什么世界上有许多愚昧无知的人

赫拉克利特是古希腊最伟大的哲学家。他出生于王室，本该继承王位。他却把王位继承权让给了他弟弟，自己到山上隐居起来，潜心钻研学问。

在古希腊时代，人们崇信的是神创造了世界，于是祭祀天神成了人们唯一的精神活动。唯独赫拉克利特对此有清醒的认识。他对热衷于迷信的人们说："你们向神像祷告，和对着房子说话没什么两样。"他认识到，宇宙从未静止过，每一天的太阳都是新的。"一切都处于流变之中。""人不能两次踏入同一条河流。"不管我们是主动的，还是被动的，世界的变化和时间的流动都会促使我们变动。我们主动，就能掌握时代的脉搏；我们被动，就有可能被大浪淘沙给淘汰了。因此，我们要有"求变"精神，不能一成不变直到生命终结，不能守旧，要紧随时代步伐，大步向前。

虽然当时许多人都认为他放着国王不当就是"犯傻"，但他渊博的学识和深刻的思想却受到了很多热心追求智慧的青年的敬仰。这些青年为了求知，都来山中拜他为师。这样，他就有了一批学生，山间的空地和小路都成了他向学生传授知识的课堂。

过了一段时间，赫拉克利特觉得学生们学的知识差不多了，就建议他们到各个城邦去向人们传播知识，并说："你们还有哪些弄不清楚的问题，都可以提出来，我给你们解释。"

一个学生问道："老师，您教给我们的都是一些关于世界的哲学道理。掌握了这些知识，我们才能摆脱愚昧，成为有智慧的人。可是，究竟智慧是什么呢？人怎样才能得到智慧呢？"

赫拉克利特觉得提出这个问题很有意义，弄清楚这个问题也十分重要。他说："智慧就在于说出真理，按照自然规律行事。也就是说，真理是对自然规律的正确认识。正确地认识自然规律，并且用这种认识来指导自己的行动，这样的人就是有智慧的。"

学生又问："是不是每一个人都能认识自然规律，得到真理呢？"

赫拉克利特回答说："是的。因为人人都具有认识自然规律的能力，人人都有思考的能力。"

"既然人人都有思想，都能够认识自然规律，得到真理，那为什么世界上还有许多人愚昧无知，甚至陷入迷信之中呢？"

"我们说人人都有认识自然规律，得到真理的能力，但有能力并不等于一定能够掌握。只有那些善于思考的人，才可能发现真理。不善于思考的人，不仅自己发现不了真理，即使别人发现了告诉他，他也不懂、不肯相信。"

"那些不能发现真理的人，除了不善于思考，是否还有其他方面的原因呢？"

"是的。除了不善于思考，他们往往还有许多其他的毛病。比如，有些人过于自负，本来无知，却自以为是，把荒谬的东西视为真理；有些人则因为缺乏耐心，不肯下苦功夫去钻研；有些人则是在没有做充分的研究之前，就过早地下判断。"

最后，学生们请求赫拉克利特再从正面说明一下，人要怎样才能发现和认识真理。赫拉克利特说："一个人为了认识真理，获得智慧，首先要通过视觉、听觉、嗅觉、触觉等感官去认识自然的事物。……你们要记住，有智慧的人应当熟悉很多事物。但是，熟悉了许多事物并不等于得到了真理。博学不等于智慧，因为真理喜欢躲藏起来，人的感官只能认识到事物外部的表面现象，还不能认识到躲藏在事物内部的规律性的东西。因此，要认识真理，除运用感官之外，更重要的还在于在大脑中进行思考，在实践中去检验。"

赫拉克利特认为，对包括哲学在内的一切知识，应该学以致用，用理论指导实践，不要纸上谈兵。他的思想对现代人仍有重要的指导意义：一个人学习了丰富的知识，不能说就有了正确的认识。要形成正确的思想和观点，还必须通过实践的检验和印证。

好多书本知识都是前人的知识和经验的积累，由于年代久远，在当时被认为是正确的东西，现在未必正确并且适用。

即使是同时代人写出来的书，也可能由于作者认识上的一些局限性，而未必就是真理。书本上的东西，即使是圣人的教导，也不是金科玉律。

因此，在获取知识的同时，一定要注意与时俱进，努力去辨识，剔除不正确的东西，有选择地接受和运用书中的知识。绝不能把书本上的知识作为灵丹妙药，一味地相信并且照搬照抄。有些读书人之所以常常会沦为一个书呆子，就是因为他们过分迷信书本上的知识，根本不考虑实际情况，不通人情世故，结果在实践中碰了钉子。

一个人不能为读书而读书，读书的最终目的是获得知识、增长智慧，提高解决问题的能力。

生活中有不少人也经常读书，甚至有的人读的书还很多。但是，对学到的知识，只停留在死记硬背和理论层面上，根本不能活学活用，不能用来解决实际问题，读了跟没有读差不多。正如鲁迅先生所说："倘只看书，便变成书橱。即使自己觉得有趣，而那趣味其实已在逐渐硬化，逐渐死去。"如果犯了"读死书，死读书，书读死"这样的错误，就成了人们常说的"书呆子"。

鲁迅先生笔下的孔乙己，就是这样一个典型。

孔乙己深受封建思想和科举制度的毒害，年轻时一心想要在科举考试中取得成功。只是运气实在不好，一直都没能如愿，自己反倒变得穷困潦倒，连维持生计都困难，最后在饥寒交迫、羞辱无奈中死去。

孔乙己的经历深刻地揭示了读书与实践脱节、不能形成智慧的悲剧。而历史上，只知道"死读书""变成书橱"仍不自知的人，并不少见。

春秋时期，有一个叫王寿的人，他爱书成癖，藏书丰富，远近闻名。古时的书，多是人工抄写在竹片上，再用皮革连接装束起来的。为了有抄书的材料，王寿就在自家房前房后种满了竹子，形成了一片竹林。他还在门前的池塘里种了许多芦苇。

除了吃饭睡觉，他每天所有的时间都用来借书、抄书、看书。家里的各个房间，除了他睡觉的地方，全部堆满了书。

他每年要花许多时间把书籍都搬出去晾晒一遍，免得被虫蛀蚀；还要翻看检查有没有脱落的文字，一旦发现就及时补上。40多年来，王寿孤身一人过着这种自以为充实的生活，以苦为乐。

由于母亲去世了，王寿要去奔丧。他随身带了五本书，准备途中抽空看看。

王寿已不年轻，五本竹简书也不轻，结果只走了一会儿，他就累得喘不过气来，走不动了。他只好坐在路边休息，并随手抽出一本书来读。

这时，有个叫徐冯的隐士路过，见他带着这么多书，就问他："请问您是王寿先生吗？"

王寿很奇怪，反问道："你是谁？你怎么会认识我呢？"

徐冯说出了自己的名字，王寿也曾听说过他。于是，两个人聊了起来。

王寿说出了自己此行的目的，并说自己不惜负重，都是为了在旅途中读书充实自己。

徐冯听了叹口气说："你这样做根本没用。"

王寿听了一愣，呆呆地望着徐冯，不知他说的是什么意思。

徐冯拱了一揖，笑一笑说："书是记载言论和思想的，言论和思想又是由于人的勤奋和思考而产生的。所以，评价人聪明与否的标准，并不是以藏书的多少来衡量的。我原以为您是聪明的人，那您为什么不去思考问题，形成思想，却要背着这累人的东西到处走呢？"

王寿听了，如梦方醒，立刻三拜徐冯，当场烧了自己所带的书。

"纸上得来终觉浅，绝知此事要躬行。"读书的确是增加知识、提升一个人内在气质的手段。然而，读书不是最终目的。学习别人是如何思考的，积极借鉴别人的思想，通过自己的生命体验，将经典中的智慧活学活用，内化为自己的智慧，有效地指导自己的人生，尽量少走弯路，才是真正的目的。也就是说，最重要的是将学到的知识，通过思考和实践变成智慧，运用到自己的人生当中。

学习要和思考结合起来

大家都很熟悉这样一副对联：书山有路勤为径，学海无涯苦作舟。

这副对联的立意虽没有问题，但是却值得我们辩证对待。学习的确需要勤奋和刻苦的精神。然而，如果只知道"勤"和"苦"，是很难学好的，还必须加上一种不可或缺的方法：思考。把思考和勤奋、刻苦结合起来，才是真正通往知识之山的途径，驶向知识彼岸的通舟。

学习只是手段，如果不和思考结合起来，就不能发挥应有的作用，甚至可能起到相反的作用。孔子就认为"学而不思"和"思而不学"都是有害的、不可取的。他说："学而不思则罔，思而不学则殆。"孔子曾这样教导自己的弟子：如果一个人熟读《诗经》300篇，但交给他的政治任务却办不成，办不好；派他出使别的国家，却不能独立应对。这样的人，书虽读得很多，但又有什么用处呢？

一个人从学习知识到运用知识的过程，实际上就是一个学与识、思与用的过程。学是思的基础，思是学的深化，用是学的目的。这就跟人吃饭一样，不加咀嚼，囫囵吞枣，食而不化，难以吸收。只有学而思之，才能将所学的知识融会贯通、举一反三，甚至在学与用的过程中有所发现，有所创新。

学习可以是重复性的，也可以是创造性的。关键在于你怎么去思考，怎么去实践。重复性的学习，就是死守书本，不知变通，鹦鹉学舌，人云亦云。创造性的学习，就是不拘泥，不守旧，打破框框，敢于创新。

一个人是进行重复性的学习还是创造性的学习，往往与他的智力水平高低有直接关系。例如，计算7+7+7+4+7+7+7=? 重复性学习者就会采取"笨"的方法，一步一步地连加起来。但有的人则会用"7×6+4"的解题方法，这就带有创造性的成分了；更有的人会用"7×7-3"的解题方法。这个新方法是他"发现"的，具有较高的创造性。所以，二者都属于创造性的学习，只是程度稍微不同罢了。

多题一解，即套用一个公式去解决许多问题，是重复性的学习；一题多解，即用几种不同的方法去解决同一个问题，这便是创造性的学习。考试时，用书本上的答案机械地回答问题，是重复性的学习；用自己的话灵活地回答问题，就是创造性的学习。前者对智力的要求较低，因而不利于智慧的发展；后者对智力的要求较高，因而有利于智慧的发展。因此，在读书、学习的过程中，要做到学与思结合，学与问结合，学与做结合。

读书和学习唯有经过思考、观察和实践，才能"读到糊涂是明白"。在学习的过程中，要勤于思考；在思考的过程中，要能提出问题，并用多种方法去努力解决问题，直到得出令自己满意的答案。在学习的过程中，要重视联系实际，把理论知识与实际生活联系起来。在掌握理论知识的同时，要注意养成经常动手的习惯，通过亲身实践来印证或修正、补充和完善理论知识，使理论知识转化为自己的技能，转化为自己的智慧，转化为实际工作效果。

伟大的艺术家窃取灵感

一天，一家歌舞团的主持人突发奇想，叫一位著名女高音歌唱家，跟幕后的合音伴唱者较量一下谁的音调更高。结果，起初几个音还难分高下，后来随着音调不断提高，合音伴唱者不费吹灰之力便通过了，这位歌唱家却唱得越来越吃力，结果声嘶力竭地败下阵来。

主持人当时想："歌唱家还不如合音伴唱者，只怕要颜面扫地了！"

出人意料的是，那位歌唱家却继续走红，并且唱出了许多流行的歌曲；而那个伴唱的女孩，还只能站在台侧，摄像机偶尔给她几个镜头。

为什么会这样呢？

主持人百思不得其解，便向一位著名的社会学家请教："毫无疑问，合音伴唱的那个女孩，不仅长得不错，唱的音调又高。她识谱的能力和对乐理的了解，大概都在那位歌唱家之上。但是，为什么出名和受欢迎的却是看来各方面不如她的那位歌唱家呢？"

社会学家想了想说："我想，也许是因为那位歌唱家虽然存在不足，却有自己独特的风格。而独特的风格是展示一个人的魅力、吸引别人的关键因素！而那个伴唱的女孩学的知识和掌握的技巧不少，但是她只停留在了模仿的阶段。音调虽然很高，但是缺乏特色，没有感染力，所以很难引起别人的共鸣。"

我们都知道，学声乐是必须通过学习和模仿来入门的。我国的戏剧、曲艺、山歌号子、民间小调的传承都是靠口传心授的，这种方法代代相传。模仿本身就是实践、再实践，从不自觉到自觉对发声器官的掌握和控制的能力。学习和模仿到一定程度，深刻理解了曲调的风格、韵味后，就要尝试通过自己的悟性、理解，去运用自己的声音，通过掌控音色与音质的变化，情感的处理，咬字吐字、归韵收音等，自如地发展个性、追求特色，逐渐形成自己独特的风格。这样才能自成一家，赢得观众的认可和喜爱。如果没有特色，形成不了自己的风格，就无法给别人留下深刻的印象，很难成为受欢迎的演艺者。

不论是文艺表演、文学创作、科研生产，还是职业发展，要想有所建树，都得先沉下心来学习，然后在消化吸收之后扬长避短，结合自身的特点和特长，发展出一种全新的、适合自己的东西。

朱熹说："古人作文作诗，多是模仿前人而作之。盖学之既久，自然纯熟……"事实也正是如此。即使有成就的学者、作家，也往往是先有模仿，而后才有独创的。孔子在学习《诗经》《易经》《乐经》《礼记》这些文化后，创造了新的思想，成为万圣师表；曾子是孔子的学生，他在孔子思想的基础上写出了《大学》；孔子的孙子、曾子的学生子思，在学习孔子和曾子的思想后，写出了《中庸》。李白的《登金陵凤凰台》参考了崔颢的《黄鹤楼》，但不受原诗的束缚，融入自己的创新，表现出了自己的才气；鲁迅的《狂人日记》和果戈理的《狂人日记》有相似之处，但其语言更加精辟，思想性表现得更加深邃。模仿是取法精髓，而不是照猫画虎。毕加索说："一般的艺术家抄袭模仿，伟大的艺术家窃取灵感。"

模仿容易，创造难。即使模仿得再像，也成不了名家，成不了天才。然后，模仿到一定程度，就必然会有所突破，成为自己，甚至成为别人模仿的对象。

在清代乾隆年间，有两个书法家甲和乙。甲认真地模仿古人，讲究每一笔每一画都要酷似某个古人。一旦练到这一步，他便颇为得意。乙则正好相反，不仅勤学苦练，还要求每一笔每一画都不同于古人，讲究自然，一直练到这一步，才觉得心里踏实。

那么，究竟谁更高明呢？两个人谁都不服谁。

有一天，书法家甲嘲讽书法家乙，说："请问仁兄，您的字哪一笔是古人的？"

乙并不生气，而是笑眯眯地反问了一句："也请问仁兄一句，您的字究竟哪一笔是自己的？"

甲听了，顿时瞠目结舌。

从艺术的角度来看，甲毫无出息，只是没完没了地复制，可以算是个好学生、好工匠，却不能算是个好书法家；乙则孜孜不倦地钻研，塑造自己独特的个性，做到了"我就是我！"

　　法国艺术大师罗丹说："真正的艺术是忽视艺术的。"这里所说的"忽视"，可以理解为不照搬硬套，只有匠心独运，自然迸发，才是最高的技巧。列夫·托尔斯泰说："艺术不是技艺，它是艺术家体验过的感情的表达。"艺术和技艺，看起来差不多，但它们的构成却是截然不同的。技艺是"明知识"，讲究逻辑，有规律可循；而艺术则是"暗知识"，更多的是强调感觉、悟性，无章可依。不断学习可以提高技艺，可是要提升艺术方面的造诣，就要靠个人的理解和独立思考能力了。

　　要想在艺术方面取得成功，适当地学习和模仿是必要的，所有的大书法家最早都是从临摹字帖开始的，等基本功扎实之后，再开始发展自己的特点和风格，这种现象在书法界并不新奇。只是必须走出自己的路，不能老跟在别人屁股后面。否则，最多就是一个很好的学生、很好的"伴唱者"，很难成为大师或主角。然而，在生活的其他方面，又何尝不是如此呢？

　　村上春树说："所谓创造，不是别的，就是经过深思熟虑的模仿。"不仅对一个人来说是这样，对一个团队乃至一个国家来说，亦是如此。学习和借鉴他人的经验是必要的，但是在借鉴的过程中，一定要用心、用脑、用力，一定要注意消化和吸收，注意结合自身的特点，适当地发展和创新，形成自身的优势。否则，就很难取得预期的结果。

清朝末年，林则徐提出了"睁眼看世界"，魏源提出了"师夷长技以制夷"，主张学习洋人的东西，以达到制衡洋人的目的。魏源的认识还不算肤浅，他说："人但知船炮为西夷之长技，而不知西洋之所长不徒船炮也。"西夷的"长技"，还包括器物、制度、文化等方面。

但是，不管是学习坚船利炮的洋务派进行的经济体制方面的改革，还是维新派在典章制度方面的改革，都是不够深入的、不够彻底的，也是不够持久的，更别说结合自身的特点进行创新了。因此，维新变法最终只能以失败而告终。

相比之下，我们的邻国日本在学习和创新相结合方面，做得就比较好。当年，日本看到中国唐朝的经济和文化在世界上处于领先地位，曾先后13次派"遣唐使"来中国学习先进的文化理念。从此，日本走上了大化改新的新政，国家得到了快速发展。不仅如此，日本的明治维新，也是非常成功的。日本人认识到，既要学习西方国家的"长技"，也要全面学习和借鉴"西学"。在经济方面，日本推行"殖产兴业"，掌握新式技术，快速推进工业化，促使生产力大幅提升；在文化教育方面，进行了大规模改革；在政治方面，建立了"三权分立"的新式政府。

在近现代，日本仍不失为最成功的"模仿者"。日本把技术引进与自主的技术开发结合起来，对引进技术进行改良、提升，并巧妙地博采各国技术之长，融合于本国的生产体系之中。从国外引进机器设备后，很快就将"物化"在机器设备中的技术消化为自己的知识，用于制造国产机。继而又加以改进，使国产机进一步达到出口的水平，从而形成了"一号机进口、二号机国产、三号机出口"的良性循环。

不管是国家，还是个人，这个道理都适用。模仿不是不能做，它是快速入门、少走弯路的捷径。创新和模仿是密不可分的。没有模仿，空谈创新，既不可能，也没有必要。通过模仿，我们可以快速走过最基础、最简单的研发阶段，通过了解和分析已有产品的优点和不足，并在此基础上进行突破。在创新的过程中，模仿是一个重要的环节，它可以为我们提供灵感和启示。因此，我们应该正视模仿的作用，从中汲取营养，不断创新，推动社会进步。美国科学基金会公布的一组统计数据表明，在美国原创性技术研究的成功率仅为5%，而在原创性技术基础上的研究开发的成功率为50%；而且模仿创新的平均成本是原创性技术研究成本的65%，耗时是原创性技术研究的72%。全世界出现的主要技术创新，约有90%都属于模仿基础上的改良。

牛顿曾说："我之所以能取得如此辉煌的成就，只是因为站在了巨人的肩膀上。"这里，固然有牛顿自谦的成分，却也道出了一种创新的技巧，我们完全可以向牛顿式的创新者学习，为自己设置一个更高的目标，站在这些巨人的肩膀上超越他们。创新有多种方式，它不仅仅指开辟一条前人从未走过的路，也可以指站在前人成果的基础上，尝试着走一条别人已经走过的路，并且走得更好。

超越才是关键

在科技领域，无论是工程或电脑设计，还是电子产品研发，每往前走一步，都是循着先前的发现和突破走的。例如，苹果公司在研发手机的过程中，对已有的智能手机进行了深入的研究和模仿，发现了其中的不足，然后进行了改进和创新，推出了一款颠覆性的产品，并不断进行完善和升级。苹果公司最成功的地方就是：在模仿的同时，没有忽视突破性创新。苹果公司的创始人乔布斯特别推崇毕加索的理念：一般的艺术家抄袭模仿，伟大的艺术家窃取灵感。这也是他在模仿和创新中遵循的重要原则。苹果公司的成功，证明了这一原则的有效性。

模仿只是起点，连接在它另一端的终点就应该是创新。能成为赢家的，绝对不是那些彻底的模仿者或者跟随者。模仿只是手段，是创新的跳板、台阶、敲门砖。正如一位成功的企业家所说的：普通老板盲从，高手老板完全复制，顶尖老板追求持续创新。顶尖老板真正追求的是"一直被模仿，从未被超越"的境界！

不管有没有从拼多多上买过东西，你一定听说过这家公司吧？这个成立于 2015 年 9 月的电商平台，仅用 3 年时间，就吸引了近 3 亿个活跃买家，100 万个活跃商家，商品交易总额近 2000 亿元，成为仅次于淘宝和京东的第三大电商平台。到了 2023 年底，吸引的活跃买家数量已接近 9 亿个，成为中国用户规模第二大的电商平台。

拼多多是怎么做到的呢？简单地说，就是采取了独特的商业模式：用户通过发起和朋友、家人、邻居等的拼团，可以用更低的价格，拼团购买优质商品。消费者为了获得最低的价格，会主动邀请和说服朋友参与。因为参与的人越多，价格越便宜。

毫无疑问，拼多多学习并借鉴了网上很多成功电商的做法。但是，如果仔细分析拼多多的商业模式，你就会发现，它既不是阿里巴巴的模式，也不是京东的模式，更不是美团的模式，而是在整合多家成功的电商平台特点的基础上的创新。从拼多多的模式中，可以隐约看到这三家的影子。它集合了腾讯、阿里巴巴、京东、美团、小米模式的优势。比如，拼多多是利用腾讯的微信进行社交变现，用微信用户口口相传的方式做大的。这是拼多多成功的地方：广泛学习借鉴，集各家之所长，站在巨人的肩膀上，创造出一套属于自己的独特的商业模式。

成立于 1987 年的华为，先是学习三星的操作系统，后来又借鉴苹果在摄影方面的出色表现，经过 30 多年的拼搏努力，逐渐走出低端、仿制的路，不断强化创新能力，研发出有识别力和核心知识产权的高性价比产品，占领市场，成为全球领先的信息与通信基础设施和智能终端提供商。

模仿不是目的，只是手段，超越才是关键。模仿和借鉴不是简单地"照猫画虎"，而是学习和研究，拆解对方成功的做法，努力做到"比、学、赶、超"，认真学习别人的优点，根据自己的特点去调整和优化，最后内化成自己的东西，并努力做到青出于蓝而胜于蓝。那么，怎样才能做到这一点呢？

任正非在达沃斯论坛的演讲中所说的话，或许能够带给我们一些启示："我们除了比别人少喝点儿咖啡，多干点儿活，其实我们不比别人有什么长处。就是因为我们起步太晚，成长的年限太短，积累的东西太少，所以我们得比别人多吃一点儿苦。"

仅仅去模仿是不够的，必须在创新方面有所突破。只要肯比别人多吃点儿苦，就容易找到突破口，最终比别人走得更远，发展的空间更大。

努力成为一个文化人

读书到底是为了什么？有很多不同的答案，也有很多不同的境界。但读书本质上是为了有文化。然而，有的人读了很多书，也不见得有什么文化。主要表现就是，缺乏必要的气度和修为。个别有高学历的人，连人格都不健全，虽然掌握了很多知识，但根本谈不上有文化。

1991 年 11 月 1 日下午，爱荷华大学物理系大楼内正在举行学术讨论会。物理系的博士研究生 27 岁的卢刚突然掏出一把手枪，疯狂射击。随着四声枪响，物理系主任、一位教授、一位副教授，还有一个叫单林华的学生相继倒在血泊中。没等人们反应过来，卢刚又冲进学校行政大楼，开枪射倒了副校长和他的女秘书。随后，卢刚开枪自杀。

出生于一个普通工人家庭的卢刚毕业于北京某名校，1986 年通过美籍华裔物理学家李政道主持的考试，得以赴美留学。在校期间，他的学习成绩一直优秀，其博士资格考试成绩还创下了所在大学的纪录。

那么，他为什么要杀死这么多人呢？说起来，原因简单到几乎令人难以置信：刚刚获得物理学博士学位的卢刚认为，物理系和学校在提名参加一项优秀论文荣誉奖的过程中，对他不公平，没有给他这个奖，而是给了比他晚一年到爱荷华大学的同系同龄学生单林华。因此，他觉得自己有权"以非常手段"为自己求得公道。

知情人认为，卢刚之所以杀人，与他的性格有很大关系。他性格中最突出的特征便是极端自私，或者说是极端的个人主义。据曾与他同住一个公寓的同学回忆，卢刚夏天睡在客厅，因为嫌天气热，他竟然常常整夜开着冰箱门，根本不考虑别人放在里面的食物是否会变质。

这种极端的个人主义，会使一个人充满贪婪欲却又缺乏承担责任的勇气。每当遇到挫折和失败甚至稍稍有点不顺心时，就会产生一种不可抑制的怨恨情绪。比如，怨恨别人，怨恨家庭，怨恨组织，怨恨社会，就是不怨恨自己。说到底，就是思想道德品质低下。卢刚虽然读了很多书，算是有知识的人，但是在品德修养方面有缺陷，算不上有文化。

文化和知识是不同的。知识是人类通过探索发现的客观存在的见识学问。但知识不等同于文化，它只是文化的基础和表现形式，是文化的一种形态，而不是文化的全部。1871年，英国人类学家泰勒在他的《原始文化》一书中指出，文化或文明，是包括知识、信仰、艺术、道德、法律、习俗和任何人作为一名社会成员而获得的能力和习惯在内的复杂整体。

　　知识属于文化，文化是感性与知识的升华。知识与文化是辩证统一的。知识关注的是现成的公式、答案、推理和结论，而文化关注的是人生、智慧、生命和未来。我们对知识的判定在于实用性，以能否让人类创造新物质，得到力量和权力等为评价标准。文化不仅包含了务实的知识，还包括务虚的感性内容。相对于比较务实的知识，文化在某些人的眼中常常会被看作是"无用之学"。这种看法是偏颇的。在很大程度上，文化的价值是难以估量的。影响一个人在社会上发展的最重要的因素是文化，而不是知识！

　　文化是将知识转化为智慧，使人成为具有创造性以及丰富的精神世界的"智慧人"。有知识并不代表有文化。知识是一种工具，而文化则是一种沉淀；知识是一种名片，而文化则是一种修为和内涵；知识可转化为做事的专业技能，而文化却是一个人达到某种境界的基础。

　　19世纪法国的一位启蒙思想家把文化解释为："是一种教养，指通过教育能够获得良好的教养，以及文学、艺术和科学方面的修养。"有德行、有智慧、有爱心、有责任的人才算得上是真正的文化人。有文化的人，做事情的时候不会只考虑自己的需求，通常让人感觉非常舒服；但是只有知识的话，做事情的时候可能会较少考虑别人的感受，甚至违背道德。

　　著名文学家、戏剧家夏衍临终前，守在旁边的秘书见这位 95 岁高龄的老人被病痛折磨得十分难受，就说："我去叫大夫。"

秘书开门正要出去的时候，夏老睁开眼睛，很吃力地说了一句："不是叫，是请。"

随后就昏迷了过去，再也没有醒来。

"不是叫，是请。"一个字的改动，体现了夏老的修养。从中我们能体会到一种温和的态度、平静的心情、委婉的话语、关切的目光。这样的人，才称得上是"文化人"。

在文化人看来，读书不仅仅是学习知识，更是学习如何做人，教人成为一个既能安身立命，又有道德品质的人。著名作家梁晓声说："读书的目的，不在于取得多大的成就，而在于，当你被生活打回原形，陷入泥潭遭受挫折的时候，给你一种内在的力量，让你安静从容地去面对。"他把"什么是文化"，概括为根植于内心的修养，无须提醒的自觉，以约束为前提的自由，为他人着想的善良。他还特别强调，文化不单纯指学历、经历和阅历。

一个真正意义上的文化人，不在于他的地位、名声、能力有多高，而在于他的思想、观念、言行非常正确，精神世界非常丰富，在于他的气度、雅量非常博大，品德非常美好。这样的人，一定是一个非常善良、特别体贴别人的人。

有一位老教授教导他的学生，若打碎了玻璃制品，要把碎片装入垃圾袋，并用记号笔在袋子上写着："里面是玻璃碎片，小心！"

这样，捡垃圾的人就不会被划伤手指。喝饮料之后的塑料瓶子，也要尽量倒空、清洗干净，方便废品回收者收集。这就是善良，这就是修养，这就是文化。

能够流芳百世的著名的文化人，一定是品德高尚的人。

1931—1948年任清华大学校长的梅贻琦先生，之所以至今在文化界甚至社会各界有口皆碑，主要就是因为他在道德和作风方面几乎做到了完美无瑕。

他说："教育的出发点是爱。"他是这样说的，也是这样做的。有人评价他：他爱学校，所以把一生都献给了学校；他爱国家，所以在抗日战争时期让儿子参加了远征军；他爱同事，所以待人一视同仁，从无疾言厉色。他尤其爱青年，所以在每次的学潮中，他都用自己的力量掩护青年的安全……在他的领导下，清华大学得以从一所颇有名气但无学术地位的学校，一跃跻身于国内名牌大学之列。

在民国时期，清华大学的校长可不是好当的。梅贻琦出任校长的时候，国内情势风雨飘摇，学潮不断。清华大学的学生驱逐校长的运动可以说是此起彼伏。他任校长之前，历任校长在任时间都不长，曾有过一年赶走三位校长的纪录，唯有梅贻琦从没被"倒"过。无论什么时候，清华大学的学生们都拥护梅校长。

有人问梅先生有什么秘诀，他谦虚地说："大家'倒'这个，'倒'那个，就没有人愿意'倒'梅（霉）。"

民国学术界群星璀璨，但"诸君子名满天下，谤亦随之"。唯梅贻琦，无论何党何派、哪种信仰的人，都对他没有一句"谤语"和"异词"。

丰富的学识、聪明的大脑或许能引起别人的关注，但别人对你的态度，最终取决于你的文化水平。文化人不一定是读书非常多的人，而是注重品德修养，善于读书、会思考的人，能学以致用、融会贯通，对他人有益，为社会做出贡献的人。在这方面，从孔子到历代的文化人，都达成了共识。

北宋著名理学家、哲学家张载说："为天地立心，为生民立命，为往圣继绝学，为万世开太平。"他主张，读书人其心当为天下而立，其命当为万民而立，当继承发扬往圣之绝学，当为万世开创太平基业。也就是说，读书人应有的追求，就是丰富自己，利于他人，益于社会。

堪称"中国现代最负盛名的文人"的陈寅恪，陆续在海外留学18年，曾就读于柏林大学、苏黎世大学、巴黎大学。1910年起，他进入美国哈佛大学随兰曼学习梵文、巴利文两年。1921年，他进入柏林大学研究院研究梵文及其他东方古文字学，又坚持了四年。

陈寅恪在国外留学期间，刻意求学，哪里有好大学，哪里藏书丰富，他便去哪里拜师、听课和做研究。不仅学习书本知识，还留心观察当地的风土人情，而对大多数人所重视的学位之类，他却淡然视之，不感兴趣。他不但没得到博士、硕士学位，甚至连大学的文凭也没拿到。但这并不影响他成为人们眼中的"一代学界泰斗"，用他的好友吴宓的话说："寅恪不但学问渊博，且深悉中西政治、社会之内幕。……述说至为详切。其历年在中国文学、史学及诗之一道，所启迪、指教吴宓者，更多不胜计也。"

1925年，清华大学创办国学研究院。在清华大学任教的吴宓向梁启超介绍了陈寅恪。梁启超推荐陈寅恪做国学研究院导师。当时的校长曹云祥没听说过陈寅恪，问："陈寅恪是哪一国的博士？"

梁启超回答说："他不是博士，也不是硕士。"

曹校长又问："他有没有著作？"

梁启超回答："他也没有著作。我梁某也没有博士学位，著作算是等身了，但总共还不如陈先生寥寥数百字有价值。"

在这件事上，梁启超彰显出了文化人的本色——自古以来，在知识分子中较为普遍地存在着"文人相轻"的现象。而真正的文化人，既有才气灵气，也有大气锐气，更有骨气志气；对有学养、有教养、有修养、有素养的同行、同人或后生，不仅爱惜钦佩，而且尽力提携和保荐。这就是文化人的胸怀和睿智。小肚鸡肠、孤芳自赏、排斥异己、傲视他人的知识分子，往往淡漠大事、大节，是不会有什么作为的，自然也很难跻身优秀文化人的行列。

陈寅恪一到清华园，便彰显出一代文史大家的才学风范。一方面，他深悉中国学术的传统精神；另一方面，对西方的新观点、近现代科学方法及工具，他同样有极深的造诣。他通晓的语言有二三十种之多，包括英文、法文、德文、俄文、日文、蒙文、满文、梵文、巴利文、突厥文、中古波斯文、西夏文、拉丁文、匈牙利文、马扎尔文……这些语言能够帮助他解决别人所不能解决的问题，发现别人所不能发现的历史真相。

由于他学问渊博而精湛，有许多教授也经常来旁听他讲课，因此他获得了"教授之教授"的美誉。清华园中的人，凡是在文学和史学方面有疑难不能解的问题，都会向他请教。他一定会给出一个满意的答复，所以大家都奉他为"活字典""活辞书"。他讲课的内容都是自己的心得和卓见，所以同一门课可以听好几次，因为内容并不会一样。最令同学们敬佩的，就是他可以利用一般人都能看得到的材料，讲出新奇而不怪异的见解，大家听完以后都会有种"我怎么想不出"的感觉。

可见，即使"文凭"不高，只要品行端正，善于思考，见解独到，怀有强烈的社会责任感，同样可以成为一个很好的文化人。

值得注意的是，真正的文化人，往往都有其开拓性的一面。他们或对习以为常的事物和事件产生好奇，产生联想，继而开创出新的境界。

这要归功于文化人不仅拥有广博的知识和扎实的学术基础，还具备独立思考能力和批判精神，具有高度的审美能力和创造力。他们通常能够对社会现象进行深入分析和评价，而不是人云亦云、随波逐流，他们将"文化"融入自己体内，变成自己的一部分。他们不仅通过阅读和学习获得知识，还通过观察和体验社会文化活动，来丰富自己的文化素养和人生经验。

有文化的人，一定会掌握一定的专业知识，但绝不是只有专业知识。学好专业知识，不仅可以让我们有一技之长，立身之本；更重要的是要有见识、有修养，善于自我反省。

修养就是人们常说的"人品"。人品至关重要，是一个人的"名片"，是其立身之本。古人说的"修身、齐家、治国、平天下"中的"修身"，就是通过学习加强修养，端正人品。有了好的人品，方能兴家、立业，建功德。

要想真正成为一个文化人，需要我们在善于学习、及时总结、投身实践、丰富阅历、开阔眼界的同时，加强道德修养，锤炼道德品质，遵守社会公德，增强法律意识；善于自我反省，及时改正不足，弥补缺点，不断完善自身。

读书的最终目的还是做人。这里归纳一条最重要的"暗知识"：读好书，解其言，知其意，明其理，做好人。

第三章

生命的力量
和责任

人生究竟有什么意义

庄子说："天地与我并生，而万物与我为一。"庄子信奉的是道家，不过，儒家、佛家也有类似的表述。这三家为什么会有这样的共识？因为这就是宇宙的真相！万物由"道"生，是从"无"中生出来的。宇宙万物最终的归宿，还是要回归"道"。在这个循环中，无数人都会不约而同地思考什么才是生命的真正意义。这其实就是一个重新认识生命的过程。可以说，追求认知的觉醒，是人类终其一生都在做的事情。

秋虫为什么要日夜鸣叫呢？是因为它强烈的生命意识吗？是因为它知道生命的短暂，所以才只争朝夕地显示自己的存在吗？是因为它生命的全部价值，都隐含在这微弱却令人感动的生命绝响里吗？

谁又能说得清呢？别说秋虫了，我们对自身生命的意义，每天在干些什么和该干些什么，又真正了解多少呢？

"我为什么而活？"很多人都忽略了这个问题，即使问了，找不到答案的也大有人在。相当多的人直到生命结束之时，也没有弄清楚人生是怎么一回事。这正是人类的悲剧所在。

当生命展示出黑暗、龌龊、卑鄙、虚伪一面的时候，我们会觉得它是一种痛苦的煎熬；当生命展示出光明、纯洁、崇高、真诚一面的时候，我们都会觉得它是一种快乐的享受。生命似乎永远是在这样的两极之间交错延伸的。在它延伸的每一个区域里，似乎总是喜剧与悲剧同生，苦难与幸福共存。

在绝大多数时候，我们都有一种珍惜生命的本能。而且随着时间的推移，生命会无限地增值，毕竟，生命只属于这一个人，而且只有一次。

一位哲人说过："生命不在长短，只要活得有意义。"

一生活得庸庸碌碌、畏畏缩缩的人，不如一年、一月乃至一日活得有意义的人。只要生命曾经绽放过光芒，这一生就是值得的，生死都已无关紧要了。

活到 100 岁，和只活到 20 岁、30 岁的人，本质上并没有什么差别。虽然前者多活了几十年，后者少活了几十年，但这只是人们观念上的感知。

传说，老子骑青牛过函谷关，在当地府衙为府尹留下 5000 多字的《道德经》时，一位年逾百岁的老翁到府衙找他。

老翁对老子说："听说先生博学多才，老朽愿向您讨教个明白。我今年已经 106 岁了。说实在话，我从年少直到现在，都是游手好闲地轻松度日。和我同龄的人都纷纷作古了。他们开垦百亩沃田，却没有一席之地；建了成片屋宇，却落身于荒野郊外的孤坟。而我呢，虽一生不稼不穑，却还吃着五谷；虽没置过片砖只瓦，却仍然居住在能避风挡雨的房舍中。先生，我现在是不是可以嘲笑他们忙忙碌碌劳作一生，却只给自己换来一个早逝呢？"

老子听了，微微一笑，请府尹找一块砖头和一块石头来。

老子将砖头和石头放在老翁面前说："如果只能择其一，您是要砖头还是要石头？"

老翁毫不犹豫地说："我当然选择砖头。"

老子问："为什么呢？"

老翁说："这块石头没棱没角，取它何用？而砖头却用得着呢。"

老子又问围观众人："你们是要石头还是要砖头？"

众人纷纷说要砖头，不要石头。

老子回过头来又问老翁："是石头寿命长，还是砖头寿命长呢？"

老翁说："当然是石头了。"

老子笑了笑，说："石头寿命长，人们却不选择它；砖头寿命短，人们却选择它，不过是因为有用和没用罢了。天地万物莫不如此。寿虽短，于人于天有益，大家都会选择他，怀念他，虽短犹长；寿虽长，于人于天无用，大家都不喜欢他，不需要他，很快忘记他，空活百年，也是枉然。"

佛陀说："人生的长度，就是一呼一吸。"只有这样认识生命，才算真正领悟了生命的真谛。我们切不要懈怠放任，以为生命很长，像露水有一瞬，像蜉蝣有一昼夜，像花草有一季。生命只是一呼一吸！我们应该把握生命的每一分钟、每一时刻，勤奋不已，勇猛精进！

只要活得有意义，生命就会接近永恒，不再只是短短的几十年。只要你为社会做了好事，做出了贡献，创造了永恒，那么，生命的长短又有什么关系呢？

如何才能活得有意义呢？

一个小和尚问师父："生命是什么？"这本是一个深奥的问题，而师父却不假思索地回答："生命就是活着！"

小和尚原以为师父会有一大段的解答，师父却用简单的六个字回答了他。

躺在床上，小和尚感受着每一呼每一吸。久之，只有呼吸而没有了自己。这个一呼一吸就是活着，就是生命吗？生命就是如此。"生命为什么要活着？生命的本质究竟是什么？生命的责任究竟是什么？"

一天，小和尚走进一块湿地，没有人工的造作和修饰。他用目光在草丛中、在芦苇内、在湖面上、在小岛旁仔细地搜寻着，欣赏着大自然中的一切。他觉得一切都是美好的。

他看到了湖面上忽起忽落的蜻蜓、飞翔的水鸟、悠闲的鱼儿、树枝上舞动着两把"大刀"的螳螂、细细的蛛网、草丛中的野花，还有芦苇丛中日夜鸣叫的秋虫……

小和尚被震撼、被感动了！他感受到了生命的力量和责任。天地间每一个生命都扮演着一定的角色，都有一份责任。责任是一种力量，只有承担责任时，生命才有活力！

既然是"活着"，就应该做好自己每个人生阶段中应该做好的事情，无怨无悔地担负起利于人间的责任。

生命属于每个人且只有一次。自己人生的责任，没有任何人可以"取而代之"。人世间的很多责任，在特定情形下，是可以转让、替代、分担的，唯有自己的人生责任例外，只能由自己来承担。因此，为了不虚度这唯一的一次人生，我们必须怀着强烈的责任感，尽量活出些滋味，活出些意义。

对每个正常人来说，生活离不开工作。所以，要活得有意义，必须做有意义的工作。什么才是有意义的工作呢？就是能带给自己物质或精神享受的工作。

艺术家为了追求艺术价值，可以牺牲物质方面的享受，甘愿与贫困为伍；作家为了写出一篇满意的文章，一再修改；歌唱家为了能完美地唱出一首歌，私底下不知练习了多少遍。还有各行各业中许许多多的人，也都是这样，不辞辛劳地做着自己所从事的工作。他们不但毫无怨言，还做得满心欢喜。因为他们觉得，自己所做的工作，是有意义的。

活得真实，就是人生的最高境界。不撒谎，不做作，不虚伪；实实在在，不做非分之想，不违背良心。功名利禄和荣华富贵都是过眼烟云。摒弃所有的伪装和虚假，用真诚的双眼直视自然，直视社会。用有力的双手把握前进的方向，用智慧的大脑激发出创造的火花。

由于不作假，本身的优点和缺点就能一目了然，所以能不自负也不自卑；由于不做非分之想，所以能安贫乐道，知足常乐；由于不违背良心，所以心无挂碍，每天都是好日子。最重要的是，依心性而行，该做则做，不该做则止。所以，没有妄想和烦恼，只是认真地投入，认真地付出，默默咀嚼人生的滋味。这种生活，已经超越了单调和乏味，而意义自在其中。

总之，能够完全活在真实中的人，就算是平凡的、平平淡淡的，也不算是平庸的、浑浑噩噩的。

对自己的人生负责，不一定要成为铁肩担道义的"民族脊梁"，或是救世和改造社会的"贤达"。作为凡夫俗子，最重要的是认真思考自己的人生使命，拒绝随波逐流、稀里糊涂地混日子，建立真正属于自己的人生目标和生活信念，并能自觉承担对社会和他人的责任，成为一个爱自己、爱他人、爱人生、爱事业的普通人。

不要不敢承认自己无知

美国的一个摄制组，想拍一部关于美国偏远农村生活的纪录片。他们找到一位果农，说要买他 1000 个柿子，谈好的价钱是 20 美元。不过，摄制组提出了另一个要求，他们不要提前摘下来的，而是想在现场看着如何把这些柿子从树上摘下来。

这位果农想都没想就高兴地同意了。他找来一个帮手，两人分工合作：一个人爬到柿子树上，用绑着弯钩的长杆，对准柿子麻利地用力一拧，柿子就一个个掉了下来，滚得到处都是。另一个人则站在地上，把柿子捡到竹筐里。两个人一边干活，一边还扯着嗓子互相拉着家常。旁边的摄制组人员觉得很有趣，就把这些全都拍了下来。

等柿子摘完，摄制组人员付了钱，就准备离开。拿到钱的果农却一把拉住他们说："你们怎么不把买的柿子带走呢？"

摄制组人员说："不用了，这些柿子你自己留着吧。"

果农惊呆了：天底下怎么会有这样好的事呢？望着摄制组人员离去的背影，他不解地摇了摇头说："天底下怎么会有这样的傻瓜？"

摄制组的人显然不是傻瓜。果农从自身的角度出发做出这样的判断，貌似也合情合理。因为在果农看来，摄制组人员付了 20 美元，却不带走柿子，显然不是正常人应有的行为。因此，果农觉得摄制组的人是傻瓜——这就相当于他认为自己比摄制组的人更聪明。

但是摄制组的人清楚地知道，记录摘柿子过程的纪录片，价值 20 万美元。只付出万分之一的价格就达到了自己的目的，他们已经赚了。如果果农更聪明一些，索要更高的价格，他们也是愿意支付的。

果农之所以做出了这样的判断，是因为他既不了解摄制组的人，也不了解自己的价值所在，尤其是在摄制组的人眼中他的价值。他以为，只有实实在在的柿子能换钱。

谈到这里，我想起了一个小和尚的故事：

从前，有一个小和尚，他想跟着老和尚学习书法。老和尚看到小和尚有这种志向非常喜欢，并且加以勉励，说："你想学习书法很好，你就先学着写一个字吧，就写'我'这个字。"

老和尚模仿前辈名家写了几个"我"字，交给小和尚，让小和尚照着练习。小和尚听从了老和尚的指教，就照着老和尚写的字练了整整一天，写了好多个"我"字。于是，他挑选出自己最满意的"我"字送给老和尚，请老和尚指教。老和尚看到小和尚写的"我"字，就说："太潦草，拿回去接着练！"小和尚只好听老和尚的话，回到自己的房间里，勤勤恳恳、废寝忘食地继续写"我"字。

练了一个星期以后，他又挑选了几个自己最满意的"我"字拿给老和尚看。老和尚看完以后说："太浮躁，接着练！"小和尚听了，觉得要把这个"我"字练好真不容易，就更加用功地去练，反复去写。

整整练了一年，他再次把自己写的"我"字送到老和尚眼前。老和尚看了以后，就说："你的功夫确实下了不少，可惜还没有找到写好'我'字的要领。还得继续练！"

小和尚进行了反思，把自己这段时间练字的心得总结了一番。这一次，他把老和尚给他的"我"字样本放在一边，一笔一画地琢磨。

经过一段时间的练习，小和尚又拿了自己写的一个"我"字送给老和尚。老和尚一看，拍着他的肩膀说："好！你找到自我了！恭喜你！"

就这样，在老和尚的指导下，小和尚终于知道"我"是怎么一回事，"自我"又是怎么一回事。

柏拉图说："认识自己是智慧的开始。"而人生最困难的事情之一就是认识自己。手相、面相、属相、星相、测字、易经、生辰八字等各种"算命"法的流行，说明人们迫切地想认识自己，却又很难认识自己。

我们平常的自我，都是在模仿，都是在执着，并不是真正自我的体现。只有丢掉一切模仿，打破一切条条框框，消除一切障碍，自我才能真正呈现出来。所以，人生不容易，要真正认识自我，悟到自我，是非常困难的。虽然很难，我们仍要知难而上，不要畏惧认识自我的过程有多么艰难。认识自我，是我们人生的一个高峰，我们要勇敢地攀上这座高峰，真正找到"我是谁"的答案！

能力的高低会影响我们的认知

由于我们的人生完全是由自己的想法、思考、感受、行动所组成的，因此任何决定我们的观点和看法的事物，对我们的人生一定会产生重大的影响。

对所有人来说，正确地认识自我是非常困难的。然而，有趣的是，在自我认知出现偏差时，很多能力一般的人往往会过高地评价自己，也就是自我感觉良好。

在现实生活中，你是不是总遇到一些自我感觉良好的人？他们自以为聪明、幽默、能力很强，但真实的情况却往往和他们对自己的评价相差很大。相反，一些真正厉害的人，却总是显得非常谦虚。

事实上，康奈尔大学的大卫·邓宁和克鲁格通过一项有趣的心理学实验，早已证明那些表现不佳的人，更容易忽视自己的缺点。

在实验中，邓宁和克鲁格先让专业喜剧演员对 30 个笑话的有趣程度进行评级，评级的结果可以作为参考标准。然后，让 65 名大学本科生也对这些笑话进行评级，随后再比较他们的评分和专业喜剧演员的评分差异，根据评分的一致度来给他们排名次。此外，他们还会询问这些被测试的大学生认为自己的幽默感水平如何，请他们为自己排名次。

对被测试的大学生的幽默感水平高低进行排序和分析之后，邓宁和克鲁格得到了非常有意思的结果：

在对自己幽默感水平的判断方面，大部分人对自己的评价是过高的。

测试结果比平均水平略高的人，对自己幽默感水平的预测非常准确。

测试中表现最优秀的人，却认为自己仅比平均水平高一点点——他们对自我的评价偏低。

测试中最不清楚什么是幽默的人，都认为自己的幽默感水平高于平均水平——他们对自己这方面能力的评价最不准确。

邓宁和克鲁格认为，能力差的人和能力好的人，错误评价自身的原因是不同的。那些没有能力的人，是因为高估了自己的能力；而那些有能力的人，则是因为高估了其他人的能力。

你是不是遇到过刚刚考完试就说"完蛋了，我考砸了"的学霸？事实上，可能是他高估了其他人的水平。所以，有时你会觉得某个能力很强的人总是故意谦虚，有点虚伪。其实他是觉得自己很平庸，没什么了不起。

邓宁和克鲁格又进行了另一个实验，分别测试这些大学生们的逻辑推理能力和语法水平，这两方面都是有标准答案的。这个实验得出了与前文相同的结论：那些表现最差的人，评价自己能力的准确性也最低。

在这三个实验中，表现最差的人占 1/4，他们全都高估了自己的能力，认为自己高于平均水平。

更有意思的是，就算给能力差的人一个客观的衡量标准，他们也还是会高估自己的能力。

在之后的研究中，就算公布了答案，表现最差的被试还是无法意识到，自己是团队中最差的。

对于实验的结果，邓宁和克鲁格的解释是，一个人只有真的具备某种能力，真正了解这种能力是什么，才有办法对自己是否掌握了这种能力做出准确的判断。所以，那些不具备某种能力的人，因为不了解这种能力究竟是怎么回事，也就无法认识到自己的欠缺。

邓宁和克鲁格对在逻辑推理能力测试中表现较差的一组人进行了培训。结果，随着逻辑推理能力的提升，他们自我评价的能力也随之提升了。这表明能力的高低的确会影响自我认知。因此，这两位心理学家认为，让人们认识到自己无知或能力低下的有效方法之一，就是先提高他们的知识水平和能力。

随后，针对阅读、驾驶、下棋、球类运动等一系列技能进行的实验证明，这一能力低下且不自知的现象，在日常生活中也是存在的，并不局限于抽象的实验中。比如，对猎枪知之甚少的猎人，对自身的猎枪射击水平的判断是最不准确的；而缺乏临床经验的医生，也最不可能察觉到自身的无能。

这种现象后来被命名为"邓宁-克鲁格效应"，他们的研究论文获得了 2000 年的"搞笑诺贝尔奖心理学奖"。这一奖项主要针对那些乍一看很好笑实则发人深省的研究，由真正的诺贝尔奖得主颁奖。

邓宁-克鲁格效应是一种认知偏差现象，表现为对自己无知这件事本身的无知。这类人往往沉浸在虚幻的优越感中，以为自己比大多数人都优秀。

事实上，中国古代的思想家老子在 2000 多年前就发现并指出了类似现象，他在《道德经》中写道："知人者智，自知者明。""知不知，尚矣；不知知，病也。""圣人不病，以其病病。夫唯病病，是以不病。"意思是，能了解、认识别人叫作智慧，能认识、了解自己才算聪明。觉察自己还有不知情的事，这是上乘的认知；认知差的人对自己不知情的事自以为很懂，这是一种病态认知。有道德和智慧的人之所以不犯大的错误，是因为他们总是担心自己不懂装懂。因为担心自己犯错误，所以就不会犯大的错误。

著名哲学家罗素说："我们这个时代让人困扰的事之一是：那些对任何事都确信无疑的人总是很蠢，而那些哪怕有一点点想象力和理解力的人却总是优柔寡断，自我怀疑。"说到底，还是那句最简单的老话："人贵有自知之明。"

因此，我们应该尽量学会客观地评价自己，不要妄自尊大，也不要妄自菲薄。在不擅长的领域，要谦虚低调，认识到自己的不足，努力完善和提高。即使在自己较为擅长的领域，也要小心避免陷入思维的误区。通过学习，扩大自己的知识范围，是有效的手段。所以，我们应该多接触新鲜的事物，不断学习，给自己充电，而不是待在自己的小天地里故步自封，用狭隘的目光看待周围的一切。我们懂得越多，就越能避免犯自我感觉良好的错误。

自制是一切美好德行的基础

不知你是否听说过这样一个故事：

当一个有经验的特工被敌军抓住以后，他立刻装聋作哑。无论对方用什么方法诱导审问他，他都不为威胁、诱骗的话语所动的。等到最后，审问的人故意和气地对他说："好吧，看来我从你这里问不出任何东西，你可以走了。"

这个有经验的特工会怎样做呢？他会立刻带着微笑，转身走开吗？不会！没有经验的特工才会那样做。要是他真的这样做，说明他的自制力不够，这样的人谈不上有经验。有经验的特工依旧毫无知觉地呆立着不动，仿佛他完全听不懂那个审问者的命令。这样，他就胜利了。

审问者原本想假装释放他，在他感到放松的时候观察他是不是真正的聋哑人。因为一个人在放松的状态下，常常会抑制不住内心的想法。但那个特工听了依然毫无动静，仿佛审问还在进行，这使得审问者相信他的确是个聋哑人，只好说："这个人如果不是又聋又哑，那一定是个疯子。放他出去吧！"

就这样，有经验的特工的生命，因他特有的自制力，而保存了下来。

从这个故事中，我们不难看出自制的重要性。自我控制是自我发展和自我实现的基本前提和保证。为了获得真正的自由，为了获得和创造良好的发展条件，必须暂时尽力控制自己，约束自己。

苏格拉底认为，人们都想要自由，但自由的前提是能够自制。他经常劝他的弟子，把培养自制力当作头等大事。在苏格拉底看来，自制比才干更重要。他甚至认为，不能自制的人不值得交往。不能自制的人，对自己和他人都不能负责。"那些凡事浪费、漫无节制、不能自给、总是需要邻居帮助的人，借了债不还、借不到手就怨恨那些不肯帮助他的人，是不是危险的朋友呢？"每个人的本分，其实就是把自制看作一切美好德行的基础。

一次，苏格拉底一直盯着一个失足妇女看，显得有些失态。

一位旁观者就嘲讽他说："苏格拉底，我从你的眼神中看到了你的情欲。"

苏格拉底听了幽默地回答："啊，我的朋友，我确实有情欲，但我克制了它。"

在饮食方面，苏格拉底同样是节制的典范。他从不关心美味，不喜欢在菜肴里加调料。他关注的是吃得好。他所谓的吃得好，就是要求所吃的东西有益于身体健康，或者最起码对身体无害。

有人认为放纵可以获得快乐。但苏格拉底告诫弟子，唯有自制才能给人带来最大的快乐。因为不能自制，所以不能忍饥、耐渴、克制情欲、忍受困倦，而这一切被克制后得到的满足，才是带给我们快乐的原因。经过一段期待和克制之后，这些事情才能带给人最大的快乐。自制的人更能做出高尚和美好的事情，并享受这一过程。苏格拉底告诫弟子，能自制的人更能保护好自己的身体，呵护好自己的家庭，有益于自己的朋友和国家，并且有制服敌人的本领。在做好这些事情的时候，他能享受其中的乐趣。而不能自制的人，就很难做到这些，因而生活中缺少了很多乐趣。

苏格拉底还发现，自制力强的人往往具备深刻的推理能力和独立思考能力。这是因为自制力强的人遇事不急于下判断，而是努力让自己准备好，对其进行充分研究，听取各种意见。这样有助于培养审慎的品质，帮助其在生活中做出更好的决策。

不管你是想拥有平淡的生活，还是追求卓越，都不能忽视自制的重要性。自制的目的是做对自己最有益的事情。对任何希望有所成就的人来说，自制都是必要的。苏格拉底说："只有能自制的人才会重视实际生活中最美好的事情，对事物进行甄别，并且通过言语和行为，选择好的，避免坏的。"

一场需要终身坚持的斗争

在古希腊传说中，西西里岛附近的海域有一座塞壬岛，被缪斯拔去双翅的塞壬女妖游弋在岛边的海水里，日夜唱着美妙的歌声勾人魂魄，引诱过往的船只靠岸。因为长年在大海航行的人多是寂寞的，他们往往抵制不住女妖的诱惑而丧命。

曾参加过特洛伊战争、献计攻克特洛伊的英雄奥德修斯，经过附近海域时，嘱咐同伴们用蜡封住耳朵，免得被女妖的歌声所诱惑，而他自己却没有塞住耳朵，只是叫同伴将自己绑在桅杆上。因为他相信自己的自制力，而且，他特别想听听女妖的歌声到底有多美。

他们的船行驶到塞壬岛时，奥德修斯看到女妖翩翩而来，听着天籁般的歌声、婉转跌宕的旋律，他心中顿时燃起欲望之火。他控制不住自己，急于要奔向女妖，大声请求同伴放他下来。同伴看到了奥德修斯的挣扎，知道他正遭受着诱惑的煎熬，于是上前把他绑得更紧了。就这样，他们终于顺利通过了女妖居住的海岛。

可见,控制自己不是一件容易的事情,连奥德修斯这样的英雄,在诱惑面前,也要靠同伴的帮助才能顺利过关。

日常生活中也充满了对自我控制能力的各种挑战。小到超支消费、拖延工作,大到吸食毒品、沉迷于游戏和赌博等。一个正常的人几乎每时每刻都需要进行自我控制,以抵制外界的诱惑和内心的冲动。自我控制是一种重要的能力,它能够帮助我们在面对诱惑、困难和逆境时保持冷静、坚定和淡定。通过自我控制,我们能够更好地管理情绪,避免冲动,做出明智的决策,使我们始终沿着有助于个人成长和发展的方向努力。

人和动物在行为方面的根本区别,在于人的行为的自觉性。动物的行为直接受其本能支配,而本能是无须学习的。本能的行为不管多么复杂,总是直接地、自发地、没有节制地进行着。动物一方面借助这些本能来满足自己的各种需求,另一方面它们又都是自己本能的奴隶。而人则能意识到自己的本能,并能驾驭自己的本能。本能一旦被意识到,就会受到意识的控制,本能也就变得个性化和社会化了。

如果一个人的生物本能得不到意识和理智的过滤,那么这个人的生命就只能处于一种低级的状态,无法成为一个富有理智的人。有人把人的生物本能比作一匹野马,人的理智就像缰绳。没有缰绳的马是一匹未经驯服的野马，而有缰绳的马才是一匹有用的马。只有让自己的意志努力去服从理智，自觉地支配自己去实现人生的理想，我们才能通过对自身的控制去支配世界。只有善于操控自己身心的人，才能达到对一切事物收放自如的境界。

如果一辆汽车只有发动机而没有方向盘和刹车，汽车就会失去控制，不能避开路上的各种障碍，就会有撞车的危险。一个想要有所成就的人，如果缺乏自制力，就等于失去了方向盘和刹车，必然会"越轨"，甚至"撞车""翻车"。

历史上有不少虽能控制一支军队、一个国家，却不能控制自己，最终导致身败名裂的人。古今中外的很多思想家都曾提出，用理智控制自己是做人的一种基本准则。孔子强调修己和克己。柏拉图也提出："节制是一种秩序，一种对快乐和欲望的控制。"亚里士多德说："人与动物的区别，在于把行为置于理智的管控下。"节制被认定为古希腊的"四德"（智、勇、义、节）之一。后世的思想家在发挥和修正这些学说时，也都一直强调理智对个人的约束作用。这些理论虽然有一定的局限性，但是它们都强调人的行为应自觉地受意识和理智的控制，反映了人类社会生活的客观要求和人类历史发展的规律。

一位著名作家说："要想征服世界，首先要学会控制自己。"控制自己不是一件容易的事，因为我们每个人内心永远存在着理智与情感的斗争。自我控制、自我约束要求一个人：依据理智判断行事，克服追求一时快乐的本能欲望。一个胸怀大志的人，即使面对巨大的诱惑，也能克制自己。

高尔基说："哪怕是对自己的一点儿小的克制，也会使人变得强而有力。"自由和克制是相辅相成的。所谓的自由，不是随心所欲，而是自我主宰。越自律，越有话语权，身体和人生都是如此。

一个人要想成就大的事业，就不能随心所欲、感情用事。必须对自己的言行有所克制，这样才能使苗头性的错误得到抑制，不至于铸成大错。人生只有能控制自己，才能减少很多遗憾，创造出更自由、更美好的生活。

德国诗人歌德说："谁若游戏人生，谁就一事无成；谁不能主宰自己，谁就永远是一个奴隶。"要主宰自己，必须对自己有所约束，有所克制。对事物的认识越正确、越深刻，自制能力就越强。

比如，有的人遇到不称心的事，动辄发脾气，训斥谩骂；而有的人却能冷静对待，循循善诱，以理服人。这两类人做事的结果也往往不同。古希腊数学家毕达哥拉斯说："愤怒以愚蠢开始，以后悔告终。"所以，对自己的言行失去控制的人，最根本的原因就是对这种粗暴行为的危害性缺乏深刻的认识，因而没有尽最大努力去约束和克制自己，最终造成了不良后果。

自由并非来自做自己高兴做的事，或者采取一种不顾一切的态度。自己要战胜自己的情感，证明自己有操控自己命运的能力。如果任凭情感支配自己的行动，就成了情感的奴隶。

我们有一种叫作"自我约束"的动力，而激发这种动力需要付出一定的代价。有一次，波兰钢琴家巴德瑞斯基举行的音乐会散场之后，一个音乐迷对他说："我愿意一生去努力，以求达到这样的成就。"

这位卓越的钢琴家回答："我就是这样做的。"

很多人往往只看见了别人的成就，而忽略了其成就背后的辛劳和毅力。于是，他们会说："取得成就的人有头脑、有毅力，或者运气好。既然我们这些方面都不行，那就算了吧！"这种想法是错误的。

这并不是说，只要注重自我约束，我们每个人就都可以成为钢琴演奏家，而是说，我们每个人在某方面都有成功的条件和潜在的可能。但是，要获得成功，就必须充分运用意志力，付出最大努力。

自我约束就是自律。从本质上讲，自律就是我们"被迫"行动前有勇气主动去做我们必须做的事情。自律往往和我们不愿做或懒得去做、但又不得不做的事情相关联。"律"既然是一种规范，当然是因为有些行为会超出这个规范。比如，刷牙洗脸是每天必须做的事情，但是如果有一天，我们回到家里时感到筋疲力尽，倒头就睡，这就是放纵自己的行为。如果我们能克服身体的疲惫，坚持做该做的事，就是自律的表现。人们往往会遇到一些让自己讨厌或使行动受阻的事情，在这种情况下，尤其需要克服情绪的干扰，坚持自律。

要想成为真正自律的人，我们首先应该充分认识到自律的重要性。自律无论对自己、对他人、对社会都有好处。自律是一个人自由的选择，是内在驱动，而不是外在强制。真正的自律是清楚自己要什么，而不是盲目自律，要点是量力而行。尽管生活中的"适度原则"很难把握，但我们依然可以尽力而为，比如吃喝适度、运动适度、工作适度、忧乐适度等。

要想让自己变得更加自律，最重要的是要专注于规则和目标。有志者立长志，无志者常立志。只有真正想清楚自己的需要和志向，才能够在自我对抗中表现出强有力的自控。

每个人都在通过努力做使自己的人生更有意义的事，并且正向着自己理想的目标奋进。但是，生活在现实的世界中，我们应该把目光放长远些，绝对不能为了今天的快乐，而丝毫不顾及明天可能发生的后果。我们的情感大都容易倾向于获得暂时的满足，而那些大量提供暂时满足的事，通常是对长期的健康、快乐和成功有害的事情。为了更好地控制自己，我们要学会反省。只有经常反思和总结，才能不断地发现自身的问题，及时纠正不恰当的做法和习惯，才能不断朝着理想的人生前进。

在一个人的成长过程中，随着知识的增长、阅历的增加、能力的提升，会担任更重要的职务、掌握更大的权力，承担更重要的社会和家庭责任。如果缺乏自我控制力和意志力，就容易自我膨胀、自我任性，从而刚愎自用、自以为是。因此，年龄越大，自我约束能力往往越强。

培养自律并非一项临时的任务，而是一场需要终身坚持的斗争。只有养成自我约束的习惯，在生活中时刻注重自律，坚持去做正确、有益的事情，我们才可能获得幸福、理想的人生。

要克服以自我为中心的天性

勇于承认错误，并不是一件容易的事情，因为人的天性是以自我为中心的。这使得大家都无意识地习惯于维护自己的观点与尊严。

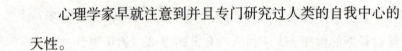

心理学家早就注意到并且专门研究过人类的自我中心的天性。

著名心理学家皮亚杰曾做过一个经典的"三山实验"。在这个实验中，他按照一定的结构，在桌上摆放了大小、高低和色彩都不同的三座假山。

参与实验的儿童，首先会从四个角度观察这三座假山，然后在一个位置固定坐好。接下来，实验人员会在儿童的对面放一个玩具娃娃，并要求儿童从四张照片中指出哪一张是玩具娃娃看到的山。

皮亚杰的研究发现，2~7岁的儿童无法很好地完成这个任务。他们都会选择从自己的角度看到的照片，而不能理解玩具娃娃与自己是不同的视角。

儿童早期对世界的认识完全是以他自己的身体和动作为中心的，也就是采取"自我中心主义"。在这个时期，儿童的自我和外部世界还没有被明确区分开，他们所体验和感知到的印象是浑然一体的。这就造成被体验和被感知的事物都成为其自身的活动，他们把所有被体验和被感知的事物都和自己的身体联系起来，把自己当作宇宙的中心。因此，这个阶段的儿童，只能根据自己的需要和情感，去判断和理解周围世界及和他人的关系，而完全不能注意别人的意图、观点和情感，不能从别人的角度去看问题，也不能从事物自身的规律和特点去认知问题。儿童的这种自我中心主义是由于他们还没有把自我和外部世界区分开，因此和成人的利己主义是完全不同的。

随着经验的增加，儿童大约在出生 18 个月之后，会发生一场"哥白尼式"的革命，即一种普遍的去自我中心的过程。它使儿童开始把自己从客观世界中分离出来，把自己与他人区别开。这个去自我中心的过程，一直持续到学龄期才逐渐完成。

所有智力正常的成年人，应该都能轻松解决这个"三山问题"。但是，几乎所有人在看待一些更加复杂的，尤其是关乎自身工作和生活的问题时，都无法摆脱自我中心的影响。这种自我中心最典型的表现，就是"自我服务偏差"。在自我服务偏差的影响下，我们总是会歪曲事实，按照有利于自己的方式来看待问题。把成功归因于自己的能力和努力，把失败归因于外在的环境；而在看待别人的成功时，却有相反的归因，认为别人的成功都是因为运气好或者条件好。

比如，有的人考试得了第一名，通常会归因于自己的天赋和努力；而一旦表现不佳，则会归结为题目太偏太难或运气不好等外在因素。

在工作中，一旦遭遇挫折或失利，大多数人的第一想法都是：要不是 ×× 部门的 ×××，我们肯定不至于这么倒霉！

这种保护自己、维护自己良好形象、让自己感觉良好、服务于自己的偏见，就是自我服务偏差。无论是个人还是组织，我们每天都在以自我为中心来思考自己面临的问题，应对各种可能的挑战，最后为自己开脱辩解。

社会心理学的研究还发现了很多类似的现象。比如，一方面，每个人都会或多或少地认为自己与众不同，包括成长经历、对待问题的态度、价值观等都是独特的；另一方面，却对他人的独特性视而不见，会认为自己喜欢的，别人也会喜欢，对别人的态度表示不能理解，等等。

当一个人以自我为中心时，就容易忽略和漠视他人的需求和感受，只顾自己的利益和想法。这可能会损害他的形象，导致他在别人的眼中显得冷漠、自私和傲慢，影响人际关系中必要的相互支持和合作，最终必然会影响生活和事业的发展。因此，一旦发现自己有以自我为中心的倾向，就应该尽量去纠正和克服。

自我中心并不是完全的自私、不讲理，或者道德败坏，而是无法从宏观的、完整的、外在的视角来客观审视自己。这实际上几乎是人类的一种通病。

人类天生就有妄自尊大的毛病。比如，几乎每个部落都曾经认为自己是世界的中心；几乎所有的国家都曾经认为自己是世界的中心，是最厉害的国家。虽然人类在这个浩渺得无法想象的宇宙中渺小到无法想象，但人类却曾经认为自己就是宇宙的中心。

在哥白尼之前，有人认为地球是宇宙的中心，太阳、月亮和其他星球都绕着地球旋转。人类的家园，是上帝或诸神特别为人类所造的。因此，我们人类是整个宇宙最特别的存在。但后来，哥白尼的日心说，彻底颠覆了这一认知：并不是太阳绕着地球旋转，而是地球绕着太阳旋转；我们人类的住所不再是宇宙的中心，地球也只是一颗普通的行星。人类的自我中心观念第一次受到了挑战和打击。

哥白尼之后，虽然我们在一定程度上提高了认知，不再自以为是宇宙的中心，但我们仍然自视为地球的主人，是所有动物和植物的主宰，是有区别于地球上其他生命的万物之灵。

但是，19世纪中期，达尔文提出了"生物进化论"。他认为，人类与其他生物一样，都有祖先，从"低等"的古代生物进化而来，并在自然的选择下不断进化。人类自我中心的观念再次遭受打击。

哥白尼除去了人类的神性，达尔文抛弃了人类的灵性，但人类认为自己至少还有富足的精神世界，包括理性的思维和崇高的情感，也就是人性。

19 世纪末和 20 世纪初，弗洛伊德通过对人的心理的研究和探索，证明了人们精神世界的无意识、混乱和邪恶的一面。人性与动物本能不再天然区分，人性中包含了很多类似动物的本能。更多的心理学家，包括获得诺贝尔经济学奖的卡尼曼、泰勒、西蒙等，也都在研究中发现了人性中的"不可理喻"。这些学者的研究和发现，揭露了人类及其环境的真实情况。人类之所以觉得备受打击，是因为长久以来几乎每一个人都活在自我中心的幻象之中。这种幻象迷惑了我们，让我们看不清真实的世界。

在整个宇宙中，地球只是无数星球中的一颗；在整个地球上，人类只是无数个物种中的一个；在整个人类中，每个人也只是社会众多成员中的一员。宇宙不会绕着地球转，地球不只为人类而存在。同样地，没有任何人能成为这个社会的中心。

自我中心带来的自我膨胀、自视甚高、回避问题、指责他人、拒绝成长等特征，所产生的负面影响已经足以影响一个人的正常发展。

"以自我为中心"是一种不成熟的心理运行机制。其表现在行为上，会以为我们所看到的事物就是别人所看到的，会认为我们所想到的、所感知到的事物，也是别人的所想、所感。由于不能站在对方的立场考虑问题，自我中心容易导致认知偏颇而不自知，也容易把自身的想法强加在他人身上，引起别人的反感，甚至激化矛盾，严重影响团结与合作。

无论是组织还是个人，想要实现长久健康的发展，就要对自己和所处的环境有客观准确的认识，并基于这种认识采取有效的行动，而不是听任本能的驱使，忽视一切不利于自己的因素。在某种程度上，自我中心类似于掩耳盗铃，闭目塞听。因此，为了自身健康发展，我们首先要做的就是改变自我中心的倾向。

实现去自我中心的转变，最关键同时也是最困难的，是对自我进行深入、系统、准确的分析和了解，不再仅仅站在自己的角度去看待问题，而要从更宏观、更完整、更外在的视角去客观审视自己。

很多时候，我们之所以陷入以自我为中心的境地，并不是自己的主动选择，而是一种长久的思维方式导致的不自知的行为。我们要想克服这种毛病，就要改变自己的思维方式，努力跳出思维认知的局限，尽量学会从更高的视角去客观地看待身边的人和事物。

对每个人来说，为了避免自我中心倾向，首先要认识到我们不是生活的中心，也不是别人的中心，无论是父母、爱人、孩子、朋友、老师、同学、上司、同事、下属，他们都有自己的生活，自己的想法和利益诉求，我们没有权利也没有理由要求他们服从或迁就我们。

古人云："揽功而推过，不可同谋共事。"如果"小算盘"打得太精，功劳荣誉面前自夸，出了差错就推脱"毫不知情""与我无关"，纵然一时获得了一些眼前的利益，但时间一长，就会招致厌烦，众叛亲离，甚至损害整个团队的向心力、凝聚力和战斗力。因此，要学会客观地分析成败的原因，既不过分夸大自己的作用，也不逃避自己的责任。要学会克制自己的愤怒、勇敢面对挑战、宽恕他人的错误、主动承担责任、客观评价自己、不走极端……

此外，还要清楚自己应该做和喜欢做的事、不应该做和不喜欢做的事之间的区别。自我中心者会把自己喜欢做的视为应该做的，不喜欢做的视为不应该做的。只有清晰地把两者区分开，才能客观地审视自己是否履行了职责，以克服自我中心的倾向。

"小狗"也要大声叫

小时候写作文《我的理想》，每个同学都希望成为出类拔萃、与众不同的"牛顿""爱因斯坦"。长大后我们渐渐明白，90%以上的人注定会成为小人物。但是，这并不影响我们生活得充实愉快，甚至走出自己独特而闪光的道路。

你一定听说过契诃夫这个名字吧？他的《小公务员之死》《变色龙》等文章曾被收入中学课本，并伴随几代人的成长。在俄国浩瀚广袤的文学森林中，尽管有托尔斯泰、陀思妥耶夫斯基这样的参天大树，但也遮蔽不了契诃夫这样的"小树苗"。平民出身的契诃夫的作品里有一种对普通民众的关怀。

不知你注意到了没有，契诃夫很喜欢讲述和"狗"相关的故事。在《变色龙》中，一只小狗让一个警官在众人面前出丑，这个故事将人的"奴性"刻画得入木三分。而《万卡》里不幸的小主人公不堪忍受店主的虐待，在圣诞节前夜给乡下的祖父写信，而当他想起来一条外号叫"泥鳅"的老母狗时，就暂时忘记了眼前的不幸。

除了创作小说，契诃夫还给世人留下了戏剧作品。比契诃夫年长32岁的托尔斯泰十分欣赏他的才华，可是对他的戏剧却并不看好。在一次见面时，托尔斯泰对契诃夫说："莎士比亚的戏剧写得不好，而你写得更糟！"可是此后不久，契诃夫就以一部戏剧《海鸥》轰动整个莫斯科，并赢得剧中女主角的芳心，结为夫妻。

契诃夫戏剧创作的题材、倾向和风格与他的抒情心理小说基本相似。他不追求离奇曲折的情节，他描写的是平凡的日常生活和人物，从中揭示社会生活的重要方面。在契诃夫的剧作中有丰富的潜台词和浓郁的抒情味。他的现实主义富有鼓舞力量和深刻的象征意义，他因此被誉为俄国19世纪末期最后一位批判现实主义艺术大师。

最后，就连曾经贬低契诃夫的托尔斯泰，也给了他极高的评价，称赞他是"无与伦比的艺术家"。

在曾经不被托尔斯泰看好的情况下，契诃夫为什么能坚持戏剧创作并取得杰出成就呢？因为他有自己的人生理念："这个世界有大狗，也有小狗，大狗小狗都在叫。但小狗不应因大狗的存在而惶惑，小狗也可以大声叫。"

"小狗"只有大声叫，像"大狗"一样大声叫，甚至以更高的声调叫，才能叫出属于自己的一片地盘，一方天地！虽然这样做难免会惹得一些"大狗"心烦，甚至阻挠你，但他烦他的，你叫你的。因为"小狗"本身就容易被忽视，如果不想叫，不敢叫，不会大声叫，就很难在社会上立足，更谈不上得到良好的发展机遇。

南朝宋文学家鲍照是东海郡人，出生在一个低级士族家庭。因为家庭贫困，他年少时曾从事农耕。他在《拟行路难》中写下了"心非木石岂无感，吞声踯躅不敢言"的句子，表达了自己对卑微的社会地位的不满，说明他也信奉"小狗也要大声叫"。

他的诗文丰富而优美。曾作古乐府诗，文辞精巧有力。

宋文帝元嘉年间，黄河和济水都清了，当时人们认为是好的预兆。鲍照便写了一篇《河清颂》，序文写得非常精巧。

为了达到大声叫的目的，鲍照主动去谒见临川王刘义庆，毛遂自荐，但没有得到重视。他不死心，准备献诗言志。有人劝阻他说："你地位太低，不可轻慢大王。"

鲍照勃然大怒说："千百年来，有很多湮没无闻的英雄人物，怎么能够数得过来呢？大丈夫岂能就这样埋没自己的智慧，使幽兰和艾蒿不分，整天碌碌无为，与燕雀相随呢？"于是，他献上了自己写的诗。

刘义庆觉得此人不同凡响，赐帛二十匹。不久，鲍照被选拔为国侍郎，很受赏识，迁任秣陵县令。不久，宋文帝又用他做中书舍人。就这样，鲍照才有机会与谢灵运、颜延之同创"元嘉体"，并确立自己在七言诗史上不可或缺的地位。

可见，一旦放下心理包袱，大声地叫出来，"小狗"的事业发展空间，丝毫不逊于"大狗"。

需要注意的是，我们这里强调的是"小狗"也可以努力大声叫，而不是努力成为"大狗"。因为相比之下，作为"小狗"，大声叫比成为"大狗"要容易得多，并且完全靠自身的努力就可以做到。也就是说，做最好的自己，而不是努力成为最伟大的人物。

在尼采伟大的作品《查拉图斯特拉如是说》里面，查拉图斯特拉给弟子最后的忠告是："留意我，我已经将所有要告诉你们的东西都告诉你们了。现在，留意我，不要模仿我。把我忘掉，离开我，然后走开。"这是所有伟大大师最后的忠告，没有一个伟人想要你成为一个傀儡。你必须努力成为你自己。

神秘学家麦积德是一个非常穷的人，但他却是一个品德高尚的人。他快死了，有人对他说："麦积德，你有没有向神祈祷过，让你和摩西一样？"

摩西是《圣经》里公元前13世纪的犹太人，是犹太人中最高的领袖，是犹太教的创始者，被视为最伟大的先知，是政治家、军事家、文学家、诗人、战士、希伯来人的立法者。在死后3000多年的今天，他仍然同时受到犹太教徒、基督教徒、伊斯兰教徒的尊敬，甚至还受到许多无神论者的尊敬。因此，摩西可以说是至高无上、人人崇敬的圣人。能够成为摩西这样的人，是很多人梦寐以求的理想。

然而，麦积德却睁开眼睛，出人意料地说："住口！不要在我快死的时候说那样的话，因为神并不打算问我：'你为什么不成为摩西？'他会问：'麦积德，你为什么不成为真正的麦积德？'"

身边的人没有领悟他的意思。他们不理解，甚至认为这是对摩西的侮辱。但实际上，这正是麦积德认知高超的表现。摩西之所以成为摩西，那是因为他的品德高尚、能力出众；麦积德必须成为麦积德，那是因为他的本质和才华。他只能奉献自己的美丽。神怎么能要求一朵玫瑰说："你为什么不成为一朵莲花？"神怎么会傻到如此地步呢？不会的！智慧的神只可能会问玫瑰："你为什么不全然地开花？你为什么像一株芽，而不像一朵花呢？"

花开才是本质，你是一朵莲花，或一朵玫瑰，或什么无名的、普通的花，都没有什么关系。你是谁不是最关键的，你是否像花一样去绽放，显示出最美的自己，才是最重要的。

努力做好需要我们去做的事，努力做最好的自己。

实际上，中国古人也有类似的认知和倡导。《吕氏春秋》中写道："良剑期乎断，不期乎镆铘；良马期乎千里，不期乎骥骜。"意思是说，对于良剑的要求，只是希望它能斩断东西，而不在乎它是不是镆铘宝剑；对于良马的要求，只是希望它能迅速到达千里之外，而不在乎它是不是有名的骥骜。

想想拼图吧。我们每个人都是一块图片，所有的人类合在一起，就能拼出一幅美丽的图画。每一块图片都很重要，每一块都是独一无二的。要是80亿块图片都是同样的形状、同样的颜色，那就拼不出美丽的图画来了。每块图片的不同之处，正是它的价值所在。如果我们照抄别人的形状或是变成别人的模样，世界就失去了完整的风貌与多样的色彩。

正是因为个体之间的差异，我们才被分派到不同的岗位，接受不同的挑战。所以，不要套用别人成功的标准，不要用薪资的多少或职位的高低来评估自己的价值，更不必为了自己不是名牌大学毕业而看低了自己。不管我们处于什么环境中，不管我们在什么岗位上，我们都可以出色地完成自己的使命，努力成为最好的自己。

每个人都拥有天上的一颗星，在这颗星照亮的某个地方，有着别人不可替代的专属于我们的人生职责。我们必须百折不挠地找到自己的位置，然而这需要时间。我们不需要盲目地去和别人攀比，不要因为看到别人似乎轻易取得成功而气馁。

天地之间，你是独一无二的存在，此前不曾有过，今后也不会再有。如果你的所思所想是你的延展，如果你正在建造的东西是你独特天赋的产物，那么你必然会独树一帜。可是，如果你压抑自己，不去发出自己的声音，完成自己的使命，那么你就会被别人忽视，被生活抛弃。

德国著名作曲家、音乐批评家罗伯特·舒曼曾经讲过："一磅铁只值几文钱，可是经过锤炼后，就可制成几千根钟表发条，价值累万。因此，我们要好好利用自己天生就具有的'一磅铁'。"从舒曼的话中我们可以得到这样的启示：人的潜能相差不大，有的人之所以能够成长为能量较大的人，是因为他经过了锤炼。锤炼的功夫下得越深，"自我开发"工作做得越好。因此，在基础条件不够好的时候，在身处逆境的时候，在地位卑微的时候，在默默无闻的时候，不要自甘沉沦，而要积蓄能量，保持奋发向上的昂扬斗志。记住："小狗"也可以大声叫!

第四章

有趣的
"饿鼠效应"

信运气不如信自己

爱默生说："只有肤浅的人才相信运气。坚定的人相信凡事有果必有因，一切事物皆有规则。"一位西方的高层管理者对这个观点坚信不疑，他认为努力才是最可靠的。他讲道："我常警告追求成功的人，不要依赖运气，没有任何想法比依赖运气更愚蠢、更不切实际。在这个世界上，运气可以说无处不在，也可以说根本不存在。有时，你以为某人成功得很侥幸，但其实是你没有看到他为成功所付出的代价。"

人生自有一套游戏规则。当我们说自己相信运气时，其实就是说我们相信自己所不能控制的因素。然而，即使我们有机会控制这些因素，也需要具备一些能力和付出努力。因此，相信运气不过是一个让自己偷懒的借口罢了。相信运气不如相信自己。

相信命运的人会想："这是上天注定的，是上天对我的安排。"于是，花许多时间去祈祷，反而忽略了自身的努力，不知道通过提高自身的认知，去发现和把握更多的机会。

真正想成功的人，会把运气撇在一边，而通过努力去开创美好的人生。他们不会等待好运气从天而降，而会通过努力去发掘、创造、换取更多促进个人成长和发展的机会，不放过任何丰富人生经验的可能。

自然界中的生物遵循着一定的生存法则，即相互竞争，在竞争中实现优胜劣汰，促进物种的发展。人类社会亦是如此。人类社会的竞争日益激烈，并且这种竞争已经渗透到了我们日常生活的各个领域。那些愿意努力、善于学习、掌握更多"暗知识"的人，就会拥有更强的竞争力，在生活中也更容易拥有更多有利的资源，获得更大的发展空间。

今天的社会是充满竞争的社会。竞争就是实力的较量、进取步伐的较量，它无情地把一切有惰性的人、不思进取的人、无所作为的人抛在后面。

其实，每个人都有成为成功者的资格，起点也都差不多，至于起跑后的差距，则是通过一次次不同的选择和努力，日积月累发展而来的。有时候，面对一些问题，我们觉得只能听天由命，努力与否都不能改变结果。实际上，努力不努力，思考不思考，最后的结果是有很大不同的。只有当你掌握相关"暗知识"的时候，才能认识到这一点。这些"暗知识"有时涉及逻辑推理，有时涉及博弈甚至概率论方面的知识。千万不要认为这些知识和你的日常生活、你的个人发展完全无关。

我们经常听到一些人埋怨机会不等，命运不公，总觉得自己碰不到机会。每每看到别人成功，总是归结为"他运气好"。实际上，机会对每个人都是公平的。只是机会不可能无缘无故地从天而降，不可能像路标一样就在前面静静地等着我们。它具有隐蔽性，等着我们去发现，去选择，去利用。

因发现第二种中微子而荣获 1988 年诺贝尔物理学奖的美国实验物理学家利昂·莱德曼，曾给一批颇有抱负的大学生做了题为"低报酬、超工时"的讲演，畅谈科学生涯的乐趣。他的演讲深受听众欢迎。

几天后，一个听过他演讲的大学生给他写了一封信，信中写道："我工作努力，学业不错，但至今仍未能取得好的成绩。我虽尽了全力，但看来也只能是平庸之辈。我常自问：为什么我要想方设法进研究生院去苦苦求读，然后进政府研究部门或其他学术研究机构？这样最多就是发现一两件别人也可能发现的东西。我为什么不只拿一个学士学位，然后去当个保险统计员呢？上午 9 点上班，下午 5 点下班，工资还很高。"

莱德曼为答复这位学生的问题而写了回信，信中他希望该生考虑考虑"自己的处世哲学和生活动机""什么使你觉得真正快乐？在这个世界上什么才是真正有价值的东西？"

这个自认为是"平庸之辈"的大学生所表述的实际心态，确如莱德曼所言，与人生观有关。正因为平庸，所以就普遍。

这个"平庸之辈"的不甘平庸之心，多少反映了世界上绝大多数普通人的复杂情绪。然而，想出人头地，是需要资本和实力的，而要想获得资本、提升实力，就需要学习各方面的知识，并努力把这些知识转化为智慧。

一切都源于智慧

你听说过"三门问题"吗？这是一个源自多年前一档美国电视游戏节目的数学问题。

这个游戏的玩法是：

参赛者会看见三扇关闭的门，然后可以从这三扇门中随意选择一扇。节目主持人解释说，其中一扇门后面有一辆汽车。选中后面有汽车的那扇门，就可以赢得这辆汽车；而另外两扇门后面，则各藏有一只山羊。

当参赛者选定了一扇门，假设是1号门，但未去开启它的时候，知道答案的节目主持人会开启剩下两扇门中的一扇，假设是3号门，门后藏有一只山羊。然后，主持人会问参赛者，要不要换另一扇仍然关着的门："现在，你想选择2号门吗？"

问题的实质是：换另一扇门，能否增加参赛者赢得汽车的机会呢?

这一问题引发了电视观众的热烈讨论。有人认为,既然已经做出了选择,不管那扇门的后面是汽车,还是山羊,结果已经确定,因此换不换另一扇门意义并不大。这符合很多人的直觉。但是,也有人认为,应该换另一扇门,这样会增加参赛者赢得汽车的机会。这一点可以用概率的方法进行证明。

电视节目播出后,有观众把这个问题写信寄给了杂志《展示》专栏作家玛丽莲·莎凡特。玛丽莲在杂志上描述了这个问题之后,给出了答案:参赛者改变最初的选项,会更容易获奖。

需要强调的是,玛丽莲并不是普通人。经专业机构测试,她的智商为228,位居当时吉尼斯世界纪录最高智商排行榜的榜首。吉尼斯世界纪录承认玛丽莲是"世界上最聪明的人"。

没想到这期杂志发行后,在美国引起了激烈的争议:人们寄来了数千封抱怨信,其中很多寄信人是老师或学者。

一位来自佛罗里达大学的博士写道:"建议以后您在专栏再回答这类问题时,务必请先看一看最基础的概率学的书。"

一位来自乔治城大学的读者来信:"您的回答大错特错。我希望这个事件能够唤醒大众对美国数学教育严重危机的重视程度。"

还有一位大学老师来信："至少有三位数学研究人员告诉你你犯错了，你还是看不见自己的错误。我很震惊！"

可是，玛丽莲并没有错！虽然那些信件的语气很不客气，但玛丽莲觉得这是一个非常有趣的问题，值得进一步深入探讨。随后，她用了整整四个专栏、数百个新闻故事，还有在小学生课堂模拟的测验，向读者证明她是正确的。

玛丽莲解释说，如果换选项，可能会出现以下三种情况：

情况一：参赛者之前选择了 1 号门（山羊）。此时，主持人如果选择 2 号门（山羊），那么参赛者换一扇门将赢得汽车。出现这种情况的概率为 1/3。

情况二：参赛者之前选择了 2 号门（山羊）。此时，主持人如果选择 1 号门（山羊），那么参赛者换一扇门将赢得汽车。出现这种情况的概率为 1/3。

情况三：参赛者之前已经选到了汽车。此时，主持人打开 1 号门（山羊），参赛者若换个选项会吃亏；或者主持人打开 2 号门（山羊），参赛者若换个选项也会吃亏。出现这种情况的概率为：$1/3 \times 1/2 + 1/3 \times 1/2 = 1/3$。

也就是说，参赛者换个选项后，成功选到汽车的概率是 2/3，而选不到汽车的概率是 1/3。而参赛者最初选到汽车、1 号门（山羊）和 2 号门（山羊）的概率相同，都是 1/3。

在主持人的提示下，参赛者换了选项后，获得成功的概率确实加倍了！这一结论是不是出乎你的意料？

多年进行的游戏节目的实际统计数据显示，那些换了选项的参赛者，选到汽车的概率是那些没有改变选项的选手的两倍。这就证实了玛丽莲的结论是正确的。

为什么会这样呢？

当选手从三扇门中选了 1 号门后，这扇门后面有汽车的概率是 1/3，另外两扇门是 2/3。但接下来主持人给了选手一个线索：如果汽车在 2 号门后面，他会打开 3 号门；如果汽车在 3 号门后面，他会打开 2 号门。所以，如果选手改变选项的话，只要汽车在 2 号门或 3 号门后面，选手就会赢，两种情况都会赢！但是如果选手不改变选项，只有当汽车在 1 号门后面时，选手才会赢。

因为主持人清楚地知道哪扇门后面是山羊，所以答案是换扇门会增加赢得汽车的机会。不换的话，赢得汽车的概率是 1/3；换的话，赢得汽车的概率是 2/3。三门问题的关键在于主持人知道内幕，他总会挑一扇后面没有汽车的门。

2008 年在美国上映的电影《决胜 21 点》中，就涉及了这个三门问题。电影讲述的是几位数学天才少年凭才智大闹赌城拉斯维加斯的故事。

在麻省理工学院的数学课上，罗萨教授提出了一个简单的问题，并从本·坎贝尔的回答中发现了他的数学天赋。本是这样说的："最开始我三选一时，我有 1/3 的概率选中汽车。在他打开了一扇门，再让我选择时，如果我改变选择，就有 2/3 的概率选中汽车。所以，我改选 2 号门，并感谢他多给了我 1/3 的机会……"

《决胜 21 点》这部影片的原型是美籍华人马恺文，他毕业于麻省理工学院。1994 年，正在麻省理工学院读大三的他，加入了"麻省理工学院 21 点小组"。每逢周末，他就和两个同学携带 10 万美元到拉斯维加斯和大西洋城的赌场玩"21 点"。靠着超强的智慧和出色的算牌能力，他们经常满载而归。

根据马恺文的研究，算牌只能提高 3% 的赢牌概率。虽然看起来影响很小，但却足以造成很大的差别。马恺文和同伴通过算牌狂捞了近千万美元。之后，各大赌场纷纷通过监控画面将这些算牌的人拉进了黑名单。马恺文等算牌高手就不能靠自己的算牌能力去赌场捞钱了。

在生活中也是同样的道理。虽然每个人都有获得成功的机会，但是结果如何，完全要看个人的能力和努力的方向，以及努力的程度。

一般人认为成功者必定有得天独厚的资源、特殊的才能或较高的智商，其实未必。

如果你想在人生的博弈中取胜，就要多学点有用的知识，多费一些心思，多付出一些努力。只有你的认知提高了，你的实力增强了，你的努力到位了，才能够控制自我，掌控命运，成就你所期望的人生。

平凡的生活也很美

关于人生，人们有各种比喻。有的把它比作表演的舞台，有的把它比作一盘棋，有的把它比作一场运动会……

人生好比一出戏，我们都是其中的演员。我们每个人没有固定的剧本，却有太多同台演出的其他演员，大家争着表现，抢着露面。有人一辈子演主角，有人一生当配角，还有些人只能跑龙套。戏可以重来，但人生却不可以重来。世上没有后悔药，我们今天做过的事情，明天便要承担相应的结果。

每个人的人生都可以看作一幅画，都是从一张白纸开始，然后勾勒线条，再到上色……其过程如何，需要自己去规划。这幅画可以缤纷多彩，也可以苍白单调。

人生好比一盘棋。棋子落下，便会左右棋盘的局势。有时，走错一步，满盘皆输。人生亦是如此。关键几步便会左右人生的走向和发展。或许人生会时来运转，或许会挫折不断。你可能感到惊喜，也可能感到悲伤。只要想得开，看得开，所有的经历都是人生的一种财富。

古希腊哲学家毕达哥拉斯，把人生比喻成奥林匹克运动会。

一次，有人问毕达哥拉斯："你属于哪一类人？"他回答道："如果一个人曾到过奥林匹克运动会现场，他就会知道，有些人是来一显身手，获得奖赏的；有些人是来经商，出售其商品的；有些人是前来喝彩并会见朋友的；有些人则是前来当观众的。至于我本人，正是观众中的一个。"

2500 多年前的这位哲学家说的这段话，在今天仍能带给我们一些启示。

现在你仔细想一想：在人生的"运动会"上，你想成为哪一类人？为了成为你想成为的人，你会怎么做？如果你也是一个"观众"，你会用什么方式和态度去观看比赛？

不管怎么说，我们的生命都在岁月里延续着。人生没有暂停键，岁月从来不饶人。莎士比亚在《麦克白》中写道："人生不过是一个行走的影子，一个在舞台上指手画脚的拙劣的演员，登场片刻，就在无声无息中悄然退下。"

岁月无声地伴随着我们走过春夏秋冬，送走时光的斗转星移。日月经年，世事无常；人生如月，盈亏有间。人们看到的不仅是山清水秀、歌舞升平，更多的时候是崎岖不平或平淡无奇。当我们用心去揣摩生活时，就会幡然醒悟：正是平凡生命中的许多曲折坎坷、平平淡淡，许多悲痛欲绝、大喜过望，许多起起落落、从从容容，才铸就了我们精彩的人生。

如果天上的星辰只出现一次，那么每个人一定都会出去仰望，而且看过的人一定会大谈这次的观看经验，绝对不愿错过星辰之美。可惜的是，它们每晚都闪亮，所以我们甚至好几个月都不愿抬头望一眼星空。正如罗丹所说的："生活中不是缺少美，而是缺少发现。"不会欣赏每日平凡的生活，是很多人最大的悲哀。其实我们不必费心地四处寻找，美本来就是随处可见的。

一位西方著名的学者发现，生活中多数人 90% 的时间只是在混日子。许多人的生活只停留在：为了吃饭而吃饭、为了搭车而搭车、为了工作而工作、为了回家而回家……他们从一个地方逛到另一个地方，事情做完一件又一件，好像做了很多事，但却很少有时间做自己真正想做和该做的事。就这样，一直到老。很多人直到退休，才发现自己虚度了大半生，剩余的日子又在病痛中一点一点地逝去。

有个小伙子靠着一棵大树晒太阳，他衣服破旧，神情萎靡，有气无力地打着哈欠。

一个老板从这里经过,好奇地问道:"年轻人,这么好的阳光,这么好的季节,你不去做你该做的事,这样懒散地晒太阳,岂不是辜负了大好时光?"

小伙子叹了一口气说:"没办法,在这个世界上,除了我自己的身体,我一无所有。我又何必去费心费力地做什么事呢?"

"你没有家?"

"没有。与其承担家庭的负累,不如干脆没有。"

"你没有自己所爱的人?"

"没有,与其爱过之后仍难免分手,不如干脆不去爱。"

"没有朋友?"

"没有。与其到处找知己而碰壁,不如干脆没有朋友。"

"你不想去赚钱?"

"不想。父母的退休金足够我们一家三口人吃饭了,何必费那力气?"

"噢,"老板想了想说,"看来我得送给你一根绳子了。"

"送我绳子?干吗?"小伙子无精打采地问。

"帮你自缢!"

"自缢?你叫我死?为什么?"

"人有生就有死。与其出生了会死去,不如干脆就不出生;与其无所事事地耗到老,不如现在就了结自己。你的存在，本身就是没有意义的，尽早消失，不是正合你的逻辑吗？"

小伙子听后被惊出了一身冷汗……

世界上有数不尽的不幸之人，每当他们谈起自己的生活，就经常梦想着时光倒流，回到他们年轻几岁或者情况好得多的时候。因为他们觉得自己完全可以做更多更重要的事，可以表现得更好。可惜，这种情况是不可能出现的。正所谓："少壮不努力，老大徒伤悲。"人生短暂，韶华易逝，光阴一去不复返，所以应当及早努力，免得年老无成，空余嗟叹。

我们不能抱着"明日何其多"的态度，无所事事，以至于"白了少年头，空悲切"，而是应该"莫等闲"，努力不懈，扮演好自己人生的角色，不断为自己积累成功的资本——积累智慧，提高能力。

智慧能让我们看到其他人看不到的地方，能力能让我们到达别人到不了的地方。缺少了智慧，我们会迷失方向，乱打乱撞，即使努力也可能是徒劳的。缺乏了能力，我们会感到心有余而力不足，眼看着一个个大好的机会从身边溜走，却无可奈何。

注重细节和过程

有一句西方谚语："魔鬼存在于细节之中。"为什么细节会成为魔鬼的栖身之地呢？因为人们在工作和生活中，经常会忽略细节的存在，从而让魔鬼有机可乘。生命的意义在于过程，成功的秘诀在于细节。平凡的生活和工作细节中蕴含着成功的哲理和机遇。把每一件简单的事做好就是不简单，把每一件平凡的事做好就是不平凡。

无论是在生活中还是在工作中，愿意把小事做细的人才能最终脱颖而出。我们不缺少高谈阔论的规划师，缺少的是精益求精的执行者；我们不缺少各类管理规章制度，缺少的是对规章制度不折不扣的遵守者。我们必须改变心浮气躁、浅尝辄止的毛病，提倡一丝不苟、注重细节的作风，把大事做细，把小事做好。

一个伟大的人，往往能在细微处表现出他的智慧。我们可以利用生活中的每一个细节，为我们的生命写出有声有色的篇章。

一部电影好看，需要注意细节；一个人要想成功，也需要注意细节。人生的价值和意义就隐藏在生活的平淡琐事中，也就是细节中。正是这些细节才使得生活血肉丰满、栩栩如生，才使得生活丰富多彩、魅力无限。否则，生活一定是单调乏味的。

多数人只能面对一些具体的事、琐碎的事、单调的事，也许过于平淡，也许是鸡毛蒜皮，但这就是工作，就是生活，就是成就大事的过程中不可缺少的步骤。因此，我们需要从微小处做起，要有承受生命重负的耐心和勇气。

有一个深蕴禅机的句子，色彩鲜明，充满美感："红炉一点雪。"雪花飘舞，有一片刚好落在火红的炉子上。在还没落下之前，先把它"定格"。虽然它会立即融化，消失不见，但人们发现它是"存在"的。

人的生命，不论长短，都像是一片雪花。它自天上洒下来，历程约千万里，可视为"长"；但在飘落融化的过程中，不可能回头，也没有时间仔细思考，便已消失，所以可视为"短"。熊熊炉火，不由分说，便把它化为水汽。它存在过，却来不及留下任何痕迹。不管怎么说，雪花该形成的时候形成，该飘落的时候飘落，该融化的时候融化，算是圆满完成了自己的使命。其中的滋味是"苦"，还是"乐"，其实已经不太重要，甚至没有区别了。

人生的境界有很多种，如果一个人仅仅感受到人生是苦的，或者仅仅感受到人生充满了快乐，那就是局限而狭隘的人生了。

在有智慧的人眼中，每个人的内心都充满了激情和超越。痛苦和快乐都可以表现为激情。有智慧的人，不用放弃什么，不用逃避什么，而是尽力去认识它、适应它、爱护它、享受它、改造它、超越它。

人的一生就像一次旅行，抑或是散步，正如一位诗僧所说："我踏着青草出去，踩着落花归来。"无须抱怨，无须懊恼，生命的旅行，原本可以如此从容，如此平淡。

花开花谢是一个过程，生命荣枯也是一个过程。人生是一个历练的过程。在生命流逝的过程中，每一段路都交织着痛苦和快乐，每一个过程都有意义。

在现实生活中，大多数人看重的只是"结果"，只有少数人看重"过程"。在《百喻经》中有个"半饼饱喻"的故事，也许能说明一个道理。

故事讲的是有一个人因为饿了，一口气吃了七张煎饼。吃到六张半的时候，便觉得饱了。于是，这个人就懊恼起来，说："我现在已经吃饱了，全靠这半张饼。前面那六张饼，就这么白白地浪费掉了。假如知道吃了这半张饼就能饱，我应先吃它才是。"

故事中的人就是只想求结果，而忽略了过程，想走捷径，不注重打好基础。正如老子所说："九层之台，起于累土；千里之行，始于足下。"做人做事都是同样的道理。

在岁月的长河中，我们所做的每一件事，都如同我们随手撒下的一粒种子，在时光的滋润下，那些种子慢慢地生根、发芽、抽枝、开花，最终结出属于自己的果实。在漫长的一生中，每个人的命运看似变化莫测，但实际上，我们今天所走的每一步，都已为明天埋下了"伏笔"。也就是说，我们的明天，是由今天的所作所为决定的。即使爬到最高的山上，一次也只能脚踏实地地迈一步。成功都是一件件小事积累和铸就而成的。要实现远大目标，就必须踏踏实实地把手边的事情做好。因为，手边的每一件小事，正是你理想大厦的一砖一瓦。

从逆境中找到光亮

有一个年轻的大学生，由于考取的学校和专业都不理想，他索性不再努力，经常逃课、喝酒，非常消沉。

即使偶尔去上课，也是无精打采、心不在焉的。教授见状，提醒他："年轻人，要打起精神啊！"

大学生表情木讷地说："打起精神有什么用，将来还不是一样难就业，找不到理想的工作。"教授眉头紧蹙，沉思片刻,说:"下课后,你跟我走一趟。"

下课后,他跟着教授来到一个正在营业的菜市场。教授在一家卖豆芽菜的摊位前停下,示意他仔细观看这家商户豆芽菜的品质。他有些茫然,不知教授的葫芦里卖的是什么药,但他还是仔细地去看了。他发现这家商户的豆芽菜又细又长,还带着根须,摊位前几乎没有人。接着,教授把他带到另一家卖豆芽菜的摊位前,又示意他看豆芽菜的品质。相较之下,他发现这家商户的豆芽菜短壮鲜嫩,且没有根须,购买的人很多。

教授问:"为什么会有这种差异呢?"

大学生想都不想地回答说:"无非是养分或选用的豆子不同。"

教授摇摇头,又带他去参观了这两家生产豆芽菜的作坊。他惊奇地发现,这两家作坊的生产设备、选料、营养配方竟然一模一样。既然都一样,为什么他们生产出来的豆芽菜会有这么大的差别呢?他百思不得其解。

教授启发他说:"难道你没有注意到第二家商户在豆芽栽培箱上另外压了一块石头吗?你现在的不如意,就好比这块石头,你只要打起精神,努力提高自己,它也可以让你变得更加强大。"

在人类的历史上成就伟大事业的,往往不是那些过得快乐幸福的宠儿，反而是那些遭遇诸多不幸却能奋发图强的苦孩子。艰难困苦对弱者来说，是万丈深渊；而对强者来说，犹如通向成功之路的层层阶梯。一个人在成长过程中，经历挫折和困难是难免的。只有经过锤炼，通过自己的努力和坚持，才能真正成为坚强而有力量的人，才能开创更加理想的人生。

有一老一少两个人同时在沙漠里种胡杨树。年轻人在树苗成活后，仍旧每隔三天都来给它们浇水；而那位老人等到树苗成活后，就来得很少了。即使来了，也只是将被风刮倒的树苗扶一把，不浇一点儿水。

三年过去了，两片胡杨树都长得有碗口粗，好像看不出明显的差别。忽然有一天，刮起了狂风。风停后，年轻人惊讶地发现：他种的树几乎全都被风刮倒了，有的甚至被连根拔起；而老人种的树，只是被风吹折了一些树枝。

年轻人百思不得其解，问老人为什么会这样。老人答道："你经常给树浇水施肥，它们的根就不往泥土深处扎。而我把树栽活后，就不再去浇灌，逼得它们恨不得把自己的根一直扎到地底下的水源去。有了深深的根，自然就不容易被狂风刮倒了。"

人的成长和树木的生长有相似之处。古人说："生于忧患，死于安乐。""宝剑锋从磨砺出，梅花香自苦寒来。"只有经历风雨，战胜苦难和逆境，才会使一个人变得成熟和强大。如果一直处在顺境中，就容易变得弱不禁风，遇到挫折和困难就会轻易放弃，甘愿认输。我们不要做温室里的花朵，要主动接受生活的各种磨炼，努力锻炼自己的意志。

　　成功者不一定具有超常的智力，大多也没有特殊的机遇和优越的条件，更不是没有经历过挫折、艰难与失败。相反，成功者大多是历经坎坷、命运多舛，是能在不幸的境遇中奋力前行的人。成功者最可贵的品质，是变压力为动力，从荆棘中开辟新的道路。不光人类这样，自然界中的所有生物都是这样的，即所谓的"物竞天择，适者生存"。

　　熊猫和北极熊本来有着共同的祖先：祖熊。随着气候的变化和生物的演化，有的祖熊后代定居在了类似中国四川的温带地区，逐渐进化成了始熊猫，又进一步成了大熊猫；有的迁徙到了北极的寒带地区，逐渐由真熊类中的棕熊，演化成了北极熊。

　　多数人可能会认为，进入寒带地区的熊类会被冻死、饿死，而在温带地区的熊类会很容易活下来。但是，事实却正好相反。

　　由于生存环境较好，熊猫就由以前比较凶猛的动物变成了濒临灭绝的动物。为什么会产生这样的结果呢？原因很简单，因为熊猫在进化过程中做出了两个重要选择：首先，它选择退出和食肉动物竞争的行列。温带地区的食肉动物很多，如老虎、狮子、狼，它们常会和熊猫抢食物吃。所以，为了减少天敌，熊猫选择不吃肉了，退出了和那些凶猛的动物竞争的行列。接着，它又选择避免和食草动物竞争。由于食草动物也很多，为了减少冲突，熊猫决定连草都不吃了，而是吃其他动物都不吃的东西：竹子。于是，竹子成了熊猫唯一的食物来源。当竹子越来越少的时候，就会有大批的熊猫被饿死。最后，熊猫成了世界上最稀有的濒危灭绝的动物之一。

而在冰封雪冻的北极，北极熊却生活得很滋润。它比熊猫要凶猛，体重比熊猫至少要重两倍。它本来是陆生动物，但是后来进化成了游泳能手，它能在海中游泳几小时，并且能捕食水中大量的生物，海豹、海象和各种鱼虾都成了它的美食。到了气温低至 −40 ℃的寒冷冬季，实在没有东西可吃，它就学会了不吃不喝、席地冬眠的本领。过了三四个月以后，大地回春，北极熊冬眠结束，拍拍身上的雪，又开始了充满活力的新生活。

正是因为北极地区生存环境恶劣，为了适应环境，北极熊逐渐进化出了强壮的身体和强大的生存能力。

1925 年，美国科学家专门做了一个实验，将一群刚断奶的幼鼠关在不同的笼子里，分成两组进行观察。

第一组幼鼠，每天吃得饱饱的，日子过得非常安逸；第二组幼鼠，每天能得到的食物量只有第一组的 60%，大多数时候它们都处于饥饿状态。

多年后，科学家看到了令人大为震惊的结果：第一组幼鼠逐渐变得行动迟缓，毛色暗淡，活了不到 3 年就相继离世了；第二组幼鼠却精力充沛，毛色光亮，绝大多数寿命都超过了 5 年。

后来，科学家把这种现象称作"饿鼠效应"。老鼠要维持生命，就要保持适度的饥饿感。这种饥饿感会激发老鼠对生存的渴望，不断刺激它们去寻找食物。它们因此变得强壮而充满活力。

这种"饿鼠效应"也适用于人类。

在生活中我们不难发现，凡是那些在艰苦的环境中成长起来的人，都是比较坚强有活力且容易取得成功的人；而在舒适安逸的环境中成长起来的人，通常都比较平庸。因此，易卜生提醒我们："不因幸运而故步自封，不因厄运而一蹶不振。真正的强者，善于从顺境中找到阴影，从逆境中找到光亮，时时校准自己前进的目标。"

你能承受的压力比你想象的大

你见过珍珠的养殖场景吗？

当蚌的壳内被强行塞入沙子后，蚌会觉得非常不舒服，但是又无力把沙子吐出去——即使吐出去，也会很快再被塞入。所以蚌面临两个选择，一是抱怨，让自己的日子很不好过；二是想办法把这些沙子同化，使它们跟自己和平共处。于是，蚌开始把它的精力和营养分出一部分把沙子包起来。

当沙子裹上蚌的外衣后，蚌就觉得它是自己的一部分，不再是异物了。沙子裹上的蚌成分越多，蚌越把它当作自己身体的一部分，就越能心平气和地与沙子相处。

蚌是无脊椎动物，没有大脑，在演化的层次上很低。但是，连这样一个没有大脑的低等动物都知道要想办法去适应一个自己无法改变的环境，把一个令自己不愉快的异己，转变为"自己人"。可是，为什么现实生活中很多人连蚌都不如呢？基督教有一段著名的祈祷词是："上帝，请赐给我们胸襟和雅量，让我们平心静气地去接受不可改变的事情；请赐给我们勇气，去改变可以改变的事情；请赐给我们智慧，去区分什么是可以改变的，什么是不可以改变的。"

在自然界，"物竞天择，适者生存"——物种之间及生物内部之间相互竞争，物种与自然之间的抗争，能适应自然者被选择存活了下来，这是一种自然法则。不管在哪里，都需要个人与环境的协调适应。这个"适"，是指不仅要适应所处的自然环境，还要适应周围的人。首先要"适"，然后才考虑如何更好地生存。只有适应的人，才能获得周围人的理解、配合与帮助，才能最大限度地发展自己。

在环境恶劣，遇到困难和阻力的时候，愿不愿继续坚持，能不能有所突破，是区分成功者与失败者的分水岭。

美国科学家进行过一个有趣的实验，研究人员用铁圈将一个小南瓜整个箍住，以观察当南瓜逐渐长大时，对这个铁圈产生的压力有多大。研究人员希望了解南瓜在这个过程中，与铁圈互动产生了多大的力道，以便了解它能够承受多大的压力。

最初他们估计，南瓜最大能够承受大约 500 磅（约 227 千克）的压力。最后当研究结束时，发现南瓜承受了超过 5000 磅（约 2270 千克）的压力后，瓜皮才开始破裂——比此前预计的压力值大了 10 倍！他们打开这个南瓜，发现它中间充满了坚韧牢固的层层纤维，这是它试图突破包围它的铁圈时产生的。为了能够吸收足够的养分，以便突破限制它成长的铁圈，它根部的延展范围大到令人吃惊。它所有的根往不同的方向努力伸展，最后这个南瓜控制了整个花园的土壤与资源。

我们对于自己能够变得多么坚强毫无概念。假如南瓜能够承受如此巨大的外力，那么人类在不利的环境下，又能够承受多少的压力？只要敢于在充满荆棘的道路上奋进，大多数人都能够承受超过自己所认为的压力。

很多人一时失意了，遭受挫折了，或是失去了一些珍贵的东西，就心灰意冷，志穷了。有的，还会怨天尤人，自暴自弃，却很少想过是否给自己打造一颗坚强不屈的心。如果一个人连一颗敢于面对重重磨砺和困难的心都没有，根本就谈不上会获得理想的人生。

"人生不如意事十之八九。"身处顺境是短暂的，所以不能得意忘形，而应该努力把握机会，利用顺境提升自我，积蓄力量；身处逆境可能是长期的，这时不能自怨自艾，一定要坚强地挺住，扛过去。然而，坚强的心并非与生俱来，它是在一次次痛苦的磨砺中造就的。只要你拥有一颗坚强不屈的心，困难就不能把你击垮。

1% 的差别意味着什么

20 世纪 90 年代，在德国水族圈里流传着这样一条消息：

一种从未被科学界发现的奇特新物种出现了。由于人们从未在野外见过这种生物，所以没人能确定它是如何出现在德国水族馆的。前一天人们还不知道世界上有这样的动物，可是第二天它便出现在了一只水箱里——通常，一个新物种的进化需要数千年的时间。

这种后来被命名为大理石纹螯虾的生物，是小龙虾的一个新品种。它们与其他小龙虾十分相似，只不过有一个显著的区别是"孤雌生殖"：雌虾无须受精，就可以自发产卵并孵化出幼虾。也就是说，这些小龙虾不需要交配即可繁殖，其后代都是天然的克隆体。

克隆功能使大理石纹螯虾成了自然界的威胁，它们拥有极强的侵略性。只要有一只，它们就能很快建立一个完整的种群。更值得注意的是，它们还强健而多产：不仅产卵多，而且长得快。只要把大理石纹螯虾放入水族箱中，很快就能繁殖出几百只。

德国科学家在实验室饲养了一组大理石纹螯虾，它们全部取自同一窝卵。长大后，这些大理石纹螯虾的表现各不相同。在同等条件下饲养的这些螯虾中，有的尺寸竟然是其他螯虾的 20 倍。

可见，这些螯虾之间的差异是惊人的，尺寸大小只是其中最明显的差异。在这数百只作为研究对象的大理石纹螯虾中，每一个大理石纹螯虾都是独一无二的。它们的感觉器官和内脏器官都存在明显的生理差异，活动和休息的方式也不同：有的喜欢躲在遮蔽物下不动，有的则一直仰卧着。这些螯虾的寿命差异非常大，从 400 多天到 900 多天不等。它们开始繁殖的时间有早有晚，产卵数量和次数也千差万别。有的螯虾一边产卵一边进食，有的则不然。它们有的在早晨脱壳，有的则在夜晚脱壳。

这些大理石纹螯虾在生活方式上也存在很大差异：当把它们放入同一个水箱时，它们会自动划分等级，有些处于从属地位，有些则处于主导地位；有些喜欢独处，有些则喜欢群居。它们在生理上存在差异，在行为上也各有不同。

尽管这些大理石纹螯虾的基因相同，所处的外部条件也非常接近，即便有差异，也是非常细微的，甚至可以说不足 1%，但它们长大后各方面的表现却有着天壤之别。

2004 年，来自英、美、德等国的上百位科学家经过共同合作研究取得的成果，在英国《自然》杂志宣布，他们成功破译了老鼠的基因组密码。有意思的是，老鼠竟有 99% 的基因与人相同，二者甚至都有长尾巴的基因！一份被科学家破译的老鼠基因组草图显示，老鼠的 20 对染色体上共有约 25 亿个碱基对，与人类 23 对染色体上的 29 亿个碱基对相当接近。两个物种的基因数目大约都是 3 万个，相同基因竟达到

99%。参与研究的科学家戏言，我们人类甚至和老鼠一样，都拥有长尾巴的基因，而不同的基因，只有 300 多个！

这一研究结果告诉我们，人和老鼠基因之间的差别只有 1%。也就是说，只要改变 1% 的基因，老鼠就能变成人！

我们再来看一个更加直观的实例——

新罕布什尔州的一匹优秀赛马在它的比赛生涯中赢得的奖金超过了 100 万美元。然而，这匹马参加比赛的时间累计不到 1 小时。当然，这个数字没有包括那些为了赢得比赛所做的难以计数的准备时间。人们在评估这匹马的价格的时候，认为为了得到它，可以出比曾经和它一起参加比赛的其他的马高 100 倍的价钱。

是什么原因使得这匹马比其他马多值那么多钱呢？是因为它比其他马跑得快 100 倍吗？显然不是。为了保持冠军的优势，它只要比其他的马跑得稍快一点点就可以。事实上，在很多比赛中，它只不过领先了其他马"一个鼻子"。裁判员在仔细观看现场录像的画面之后，才能确定它超过终点线的微弱领先优势。就是这么一点点的领先，使其产生了上百倍的价格优势。

这种现象在自然界中并不是孤立的，人类社会中也有类似现象：杰出者和平庸者的差别，通常不到 1%！

通常，把杰出者和平庸者区别开来的，就是这种细微的差别。想一想那些二流人物的所得所失吧！他们只比一流人物差一点点，可是在享有的声誉和利益方面却相去甚远。在人们的眼中，一类是经过努力获得回报的杰出者，另一类则是同样付出却功亏一篑的平庸者。

这启示我们，一个人如果能朝着优秀的方面做出 1% 的改变，结果也一定会令人吃惊！

有一群大学同班同学参加毕业 10 周年聚会。

10 年前稚气未退的毕业生，现在已经变成了各个行业的栋梁之材。但是仔细分析你会发现，有的是企业的高管，有的创办了自己的企业，有的在政府部门已经是处级干部了，有的仍是一个普通的职员。

当年同在一个课堂里听讲的学生如今差别这么大，有些人不服气，说当初毕业的时候，大家的学问、本事都差不多，可有的人机遇好，就成功了；有的人机遇不好，就成了平庸者——这世道太不公平了。

被邀请来参加聚会的班主任听到这些抱怨，想了想，说："撇开别的因素不谈，你们当初毕业的时候，差距其实并不大。但是，从这以后，有的人继续努力，毫不松懈，10 年下来，他得有多大成就！如果你不继续努力，甚至是混日子，那么 10 年下来，你们之间得有多大差距？可不就是天壤之别吗？"

社会规则是这样的：只要你每次比别人优秀一点点，你就有可能赢得更多的机会，这种机会的叠加，最终造成了人与人之间巨大的差距。

人生就像打保龄球，如果你一开始就能全中，并且能连续全中，就能把看似每次打倒不少球瓶却不能全中的人远远甩开。这就是我们经常说的：一招领先，招招领先。

一个人在不同的位置，眼界是不同的，能够遇到的机遇也就不同。站得越高，取得等量成就就会相对容易。

你一定要意识到现实生活是残酷的。一个对生活抱有希望的人、一个想成就一番事业的人，不能仅停留在对外界的抱怨上，而是应该直面"赢家通吃"的现实，增强自己的心理承受能力，尽快提高自身的竞争力。

有人曾说："成功其实很简单，只需你每天进步 1% 就可以了；成功又很不简单，因为大多数人都不愿意多付出哪怕 1%。"杰出者与平庸者之间的距离，并不像大多数人想象的是一道巨大的鸿沟，而是体现在日常生活或工作中的一些小小的动作上：每天多花 5 分钟阅读、多打一个电话、多费一点心思、多做一些研究……只要你稍加改变，就能够使自己的人生变得更加理想。

给人生境遇匹配最好的"框框"

发生在我们身上的任何事所代表的意义，都取决于我们给它匹配何种"框框"（角度）。当你换个"框框"，意义就会随之而变，选择和机会就可能随之增加。所以，掌控命运最有效的手段之一，就是提高认知，了解如何为自己的人生境遇匹配最适合的"框框"。

改变个人最有效的方法之一，就是了解这种改变认知的过程，心理学家称之为"重新框视"。

人类有把各种境遇赋予特殊意义的天性，倾向于用过去的经验来框视周围所发生的一切。如果你能改变过去的认知方式，改变固有的观念或视角，你的人生就可能有更多或更好的选择。

假设你家桌子上摆放着一只珍贵的花瓶。有一天，你不小心把它打落在地上，花瓶被摔得粉碎。你小心翼翼地一片片捡起地上的碎片，感觉特别心疼。

你花了一整天的时间，费了很大劲，用胶水和胶带把碎片拼成花瓶破碎之前的模样。但是，仔细看的话，还是能发现花瓶上的斑斑裂痕。并且，你还担心，只要再受到震动，花瓶就将再次变成碎片。一想到无论怎么努力补救，花瓶都不可能像原来那样精美，你的内心充满了遗憾。

有没有什么办法可以减少或者避免这种遗憾呢？答案是肯定的。丹麦物理学家雅各布·博尔遇到这种情况时，他只是悲伤叹惋了一会，很快就将"失去"变成了"获得"——他居然意外发现了一个高深而实用的理论——碎花瓶理论。他是怎么做到的呢？

博尔不小心打碎了一个价值不菲的大花瓶后，精心地收集起了所有散落在地上的碎片。他把这些碎片按大小分类、分组，并分别称出重量。他发现，10~100 克的最少，1~10 克的稍多，0.1~1 克及 0.1 克以下的最多。他还发现，这些碎片的重量之间表现为统一的倍数关系：较大的重量是次大块的16 倍，次大的重量是小块的 16 倍，小块的重量是更小碎片的 16 倍……于是，他开始利用这个碎花瓶理论来恢复文物、陨石等不知道原来是什么外观的物体，解决了考古学和天体研究的一大难题。

作为普通人，我们当然不可能都像科学家一样，利用意外事件进行学术研究，发现科学理论。但是，我们可以用自己的办法来尽量弥补和减少由此带来的遗憾。

既然花瓶再也不可能恢复到曾经的模样了，你不妨想一想：能用这些碎片干些什么？把这些色彩缤纷的碎片拼成一幅马赛克镶嵌画，也是一种思路。这样，你就有了一件新的非常具有纪念意义的工艺品，就相当于花瓶获得了新生。你就不必再为被修复得不太完美的花瓶而遗憾了。

实际上，在现实生活中，还真有不少人会沿着这样的思路去做，并且取得了相当不错的结果。

在伊朗的德黑兰古列斯坦王宫的明镜殿中，我们可以欣赏到世界上最漂亮的马赛克建筑。这里的天花板和四壁看上去就像由一颗颗璀璨夺目的钻石镶嵌而成。走近细看，你会惊讶地发现，这些流光溢彩的"钻石"，其实就是普通的镜子碎片。

只不过，1865 年，在建设这座宫殿的时候，设计者打算镶嵌在墙面上的，并不是这些钻石般的小小碎片，而是一面面硕大的镜子。但是，当第一批镜子从国外运抵工地后，人们遗憾地发现，镜子碎了。承运人无奈地将这些破损的镜子碎片丢到了垃圾堆，并把这个坏消息告知了建筑设计师。

设计师并没有为此大发雷霆，而是命令手下人将所有丢弃的镜子碎片都捡回来，并雇了许多工匠将残破的镜子敲成更小的碎片。一切都准备好后，按照这位设计师的构思，工人们将这些碎片镶嵌到四周墙壁和圆形天花板上，并拼出各种图案花纹。就这样，反光的镜子碎片最后变成了"钻石"。

置身于这座宫殿，审视四周由不计其数的小小碎片点缀的墙壁时，参观者一定会为设计师的巧思啧啧称奇，或许还会产生很多联想。

当初，谁也没有料到完好的镜子会变得残缺不全，更没有料到支离破碎的镜片会成为令人惊叹的艺术品，为这座富丽堂皇、流光溢彩的宫殿增添了独特的美丽和璀璨的特色。

在生活中，我们无法阻止某些事情发生，但是我们可以通过改变思考问题的角度，改变自己对这件事情的反应。正确地运用重新框视法，我们可以使自己的消极心态转化为积极心态。不利的事情也可能会随之出现转机。

有一位将军在遭遇敌人猛攻后撤退，曾对他的部队说："我们并未撤退，只是换个方向前进。"他这番重新框视撤退的故事，为后人津津乐道。

不必害怕生活中的种种遗憾和不完美。追求完美，祈祷拿到一手好牌，不如尽量去打好手里的牌——如果可能的话，可以考虑把它们重新组织成好牌。感觉无路可走的时候，旧的思维一旦被打破，认知一旦发生改变，呈现在我们面前的，往往就是金光闪闪的前景。

在综艺节目《追梦人之无界人生》中，一位著名的琵琶演奏家说："做一件事时，天赋所占的比重高达30%到40%。如果我遇上没有天赋的学生，就会劝其趁早放弃，无须浪费时间和精力。"

你认同他的观点吗？你认同"如果没有天赋，无论怎么努力都是徒劳"吗？

为了得到比较客观的答案，我们首先了解一下什么是天赋。

简单地说，天赋是一种天生的能力，不需要经过特别的教育或训练就可以表现出来。比如，有些人天生就有绘画、唱歌、运动等方面的才能。比如，著名足球运动员梅西，虽然身材受限，但是脚下移动的速度就是比一般人快很多，所以球迷喜欢用跳蚤来形容梅西踢球的样子。莫扎特3岁弹琴，5岁作曲，6岁在维也纳举行音乐会，这就是天赋。

天赋可以让我们在某些方面更有兴趣和热情，可以让我们在某些方面更容易获得成功。比如，在音乐、艺术、运动等领域表现出色，更容易获得他人的认可和赞扬。

但是，天赋并不是万能的，它只是一种先天的优势，并不意味着我们不需要后天的努力，也并不意味着我们一定比其他人更优秀。如果我们只依靠天赋而不去学习、练习、提高，那么别人很快就会在技能方面超过我们。

技能主要是一种后天培养、锻炼出来的能力，可以通过反复学习、练习等方式得到不断提高。比如，英语的听说读写、计算机程序编制、糕点制作等。一个人掌握的技能越多、技能越熟练，就越容易为社会做出贡献，也就越容易被别人接纳和认可。技能可以让我们在某些方面更有发展机会，比如，在掌握新的知识和方法时，可以更加快速和容易取得成就，进而获得更多的选择和可能。

不是每个人都有天赋，即使是天才，通常也只有某方面的天赋；而任何正常的普通人，只要肯努力，愿意学习，都可以掌握很多方面的技能。

绝大多数人都没有足以令人称赞的天赋，所以我们只能也必须努力提高自己的技能。不要轻易相信"努力在天赋面前不值一提"的说法。

在动画片《火影忍者》中，小迈特·凯因为资质太差，被忍者学校拒之门外。在他感到非常沮丧的时候，爸爸鼓励他："知道了自己的短处，才能让长处闪闪发光。"

于是，他开始了严格的训练，每天拼命练习跑步、攀岩。别人都嘲笑说："你们父子俩，再怎么训练，都是白费力气！没天赋，还折腾个啥？"

迈特·凯没有放弃，他坚持按照自己的目标和规则行动，最终用令人折服的成绩，回击了所有的否定和嘲讽。

类似这样的例子在现实生活中也有很多。

身高对篮球运动员来说是一个非常重要的因素。NBA球员的平均身高是195厘米，保守一点儿说，也超过了190厘米。但是也有一些身高不足170厘米的球员，他们凭借自己的努力和才华，在篮球巨人中脱颖而出。比如，身高只有168厘米的斯普德·韦伯。

在篮球场上，作为比其他队员低一头的人，亚特兰大鹰队的后卫斯普德·韦伯几乎没有任何优势可言。然而，韦伯通过自身的努力，彻底改变了人们的看法。通过强化腿部肌肉，他弥补了自己身材矮小的缺陷。他并没有特别的技巧，只是利用全速奔跑使自己在腾跃方面超过了高个子的对手。因为他身材矮小，相对更靠近地面，所以他在运球时能做到更加自如和安全。当他越过对手的防守直奔篮球架时，那些高个子的对手不得不俯下身来，以一种不适应的角度去防卫他。在1986年的一场比赛中，他胜过了许多比他高30厘米以上的人，成为篮球场上的超级明星。

值得一提的是，在NBA的著名球员中，韦伯并不是最矮的。厄尔·博伊金斯的身高是165厘米，而NBA历史上最矮的球员是麦克西·博格斯，身高只有160厘米。

再拿足球明星来说，并非每个球员都有天赋，因为人的身体机能不一样。但是没有运动天赋的球员，通过后天的努力，一样可以成为非常优秀的球员。

1987年出生的瓦尔迪从小就是谢菲尔德周三足球俱乐部的忠实球迷，并渴望加入这支球队。他三次参加试训，最后都被拒绝了，原因是他的个子太矮，没有天赋，完全不像未来之星的苗子。但这并没有让瓦尔迪停止追求梦想的脚步，他仍坚持训练，终于成为一名全职的足球运动员，虽然加入的是一支不知名的球队。他在场下刻苦训练，在场上顽强拼搏。队友评价："他的训练就和比赛一样，总是全情投入。"出色的表现终于令他成功入选英格兰国家队。他的周薪由最初的 30 英镑逐渐增加至 16 万英镑！

所以，千万不要轻信"如果没有天赋，无论怎么努力都是徒劳"。不管有没有天赋，我们都可以发现自己的优势，努力提高自己的技能，发挥自己的潜力，提升自己的价值，实现自己的梦想。

戴尔·卡耐基小时候是一个调皮捣蛋的孩子。他 9 岁那年，他的继母进了他家的门并和他们同住。父亲把他介绍给继母时，很随意地加了一句："这是全社区最坏的男孩……"对于这种评价，卡耐基早就习以为常。可继母却打断他父亲的话："最好别这么说。他不是全社区最坏的男孩，而是最聪明的。他只是还没有找到该倾注满腔热忱的地方。"

就是这番话，成为激励卡耐基的一种动力。因为在她之前，没有一个人称赞过他聪明。原本他想着在第二天早晨，该怎么拿石头扔继母，或者做点别的什么坏事！但是，此刻卡耐基完全改变了主意，既然自己是一个聪明的男孩，就应该去寻找自己该倾注满腔热忱的地方。于是，他开始看书，开始练习演讲，开始思考人生，开始努力进取。最终，卡耐基成了美国现代成人教育之父、西方现代人际关系教育奠基人。一个曾经满是缺点的"全社区最坏的男孩"，成为很多人眼中的成功人士，甚至是楷模。就因为继母的一番话，使卡耐基改变了自我认知，改变了行为方式，由不完美的开局，迎来了近乎完美的人生。

每个人的生活里都有无数困扰我们的"难题"：学习压力大，自己不够聪明；职业不够好，收入不够高；孩子不听话，同事不友善……

然而，真正让我们痛苦的，从来都不是事件本身，而是我们对于这件事的态度。莫泊桑说："生活不可能像你想象中的那么好，但也不会像你想象中的那么糟。"所以，如果你发现自己在生活中有这样或那样的困难，千万不要怨天尤人，更不必灰心丧气。要相信"天生我材必有用"，努力去尝试，改变能改变的，接受不能改变的。

意大利著名影星索菲娅·罗兰从小就想成为电影演员。她16岁时来到罗马，希望能够在这里圆自己的明星梦。

可是很多业内人士都评论她的自身条件太差——个子太高，臀部太宽，鼻子太长，嘴巴太大，下巴太小。也就是说，她的外在条件没有一处能够跟人们所想象的那种有魅力的演员外形相吻合。一位著名的制片商直率地建议她，如果真想干这一行，她就得把自己的鼻子和臀部"动一动"。

索菲娅不想听从别人的建议。她说："我为什么非要跟别人一样呢？"虽然她的演艺生涯充满了坎坷和挑战，但她始终坚持自己的梦想，不断追求卓越。她能够出色地诠释各种不同类型的角色，从悲剧到喜剧，从爱情片到战争片，她都能够游刃有余。几年后，依靠非凡的才华和精湛的演技，她成了奥斯卡影史上第一位外籍影后。那些有关她"鼻子长，嘴巴大，下巴小"的议论也就无声无息了，这些特征反而成了美女的标准。她甚至被媒体誉为"近千年来最美的女人"。

每个人生下来都有自己要走的路。不要让别人的评价左右了你自己的选择。要充分相信自己，勇敢地面对生活，如果不能消除某些缺点，就努力用其他方面的特长来弥补缺陷。

诸多强者战胜不利局面和弥补缺陷的方式各异，但是他们具有共同的特征：不论处在什么样的环境中，在面对困难和阻力时，他们始终保持积极主动的状态。他们不会怨天尤人，而是积极地探索和分析逆境中的主要矛盾，努力寻求克服困难、走出逆境的方法。

不要因为当前面临的那些挫折和不利因素而对未来不抱希望，要相信使你今天陷入黑暗的阴云，明天一定会消散。一定要学会用发展的眼光看待人生，一定要学会正确地评价事物。

人生的任何遭遇，都具有多重意义，至于对你来说是哪一重，以及产生了什么影响，全看你从哪个角度去审视。你是命运的主人，你是自己的主宰，你可以掌握自己的思想，更可以创造自己的人生。

机会到来时要努力抓住

生活中的很多人喜欢怨天尤人，认为别人的运气特别好，而自己总是时运不济。请相信，被称作"运气"的东西，差不多是公平地分配给每一个人的。假如你认为自己的运气不好，往往是因为你的认知水平不够高，思考的方向有偏差，做出的选择有失误，努力的方法不正确。

一位老牧师生活在一个山谷里。几十年来，他恪守戒规，照看着教区的所有人，施行洗礼，举办葬礼、婚礼，抚慰病人和孤寡老人，自觉无可指责。

这一天，突降暴雨，持续不停，水位高涨，老牧师被迫爬上了教堂的屋顶。这时，有个人划船过来，对他说道："神父，快上来，我把你带到高地。"

牧师看了看他，回答道："几十年来，我一直按照上帝的旨意勤勉做事。我真诚地相信上帝，我是上帝的仆人。因此，你驾船离开吧，我要继续留在这里，相信上帝会来救我的。"

船离开了，雨还在下，水位涨得更高，老牧师紧紧地抱着教堂的塔顶。这时，一架直升机飞了过来，飞行员对他喊道："神父，快点，我放下吊架，你快上来，我把你带到安全地带。"

老牧师再次拒绝，他又一次讲述了自己对上帝的信仰。这次，直升机也离开了。

几小时之后，水位没过塔顶，老牧师被水冲走了。

他升入天堂之后，遇到了上帝，埋怨道："几十年来，我虔诚地信仰您，遵照您的旨意勤勉地做好事。为什么当我遇到危险的时候，您却不来救我，任凭我被淹死呢？"

上帝遗憾地说："为了搭救你，我专门派去了一条船和一架直升机，可是你自己却放弃了求生的机会。"

在生活中，我们会不会偶尔也犯类似老牧师这样的错误呢？

罗曼·罗兰指出："如果有人错过机会，多半不是机会没有到来，而是他缺乏判断力，没有看见机会的到来；或者机会过来时，他没有一伸手就抓住它。"对能够把握机会并且充分利用机会的人来说，机会时刻都存在。把握机会就像有经验的船夫利用风一样，两者之间似乎有一种默契；而在对机会毫无知觉也不会很好地利用的人那里，即使机会来到眼前，他也不能及时地抓住，只会抱怨没有机会。

不管是求生存还是谋发展，永远都不要怨天尤人。在我们的生命中，类似于"船"与"直升机"之类的机会一直都存在着，我们需要的只是正确地认识它们。当我们自己确立目标之后，我们真正能做的就是抓住机会，而那些令我们熟视无睹的看似偶然的事件，很可能就是对我们发展有利的机会。

有些人走上成功之路，的确归功于偶然的机会。然而，就他们本身来说，他们也确实具备了获得成功机会的才能。许多人相信掷硬币碰运气，但好运气似乎更偏爱那些善于思考和努力工作的人。没有充分的准备和大量的汗水，一个好的机会就会眼睁睁地从身边溜走。

英国赫特福德大学的社会心理学教授理查德·怀斯曼，花了十余年时间研究走运与人类行为的关系。他在《幸运的配方》一书中指出：走运不是魔法，也不是上天赐予的礼物。走运与否，是由一个人的思想和行为方式决定的。他认为，概率决定的所谓"幸运"的要素约占10%，其他的90%靠个人的认知和努力。

人们常常引用苹果落在牛顿面前，导致他发现万有引力定律这一例子，来说明偶然事件或所谓的运气在发现中的巨大作用。但人们却忽视了多年来牛顿一直在为重力问题苦苦思索、研究。在这漫长的过程中，牛顿思考了相关领域的许多问题及其相互之间的联系。很多人都和他一样，注意过苹果落地这一常见的生活现象，只有他被激起了灵感的火花。为什么？不是因为他比别人更幸运，而是因为他更善于思考，更努力钻研。所以，与其说"命运更宠爱某些幸运儿"，不如说"越努力，越幸运"。

人们常说："幸运只垂青于有准备的头脑。"因此，我们首先要提高认知，知道什么是真正的机会，是可以全力以赴去把握的；什么只是小小的游戏，偶尔玩玩无伤大雅，过分投入就不值得了；什么是陷阱，最好远离，千万不要身陷其中。

如果有人问：在我们国家，通过合法手段赚钱速度最快且人人都有机会的方式是什么？你会不会回答是"买彩票"？

偶尔买张彩票还是可以的，但是把改善生活的筹码完全押在彩票上，就是愚蠢的做法了。的确偶尔会有这样的故事：一个幸运的人，走进彩票店，随随便便花几块钱买彩票就中了几百万元。这种事情在现实生活中理论上是可能发生的，但是概率极小。"天下不会掉馅饼"这个道理大家都知道。更何况，国家允许彩票这种行业的存在，当然也不仅仅是为了给某些人提供一夜暴富的机会。毕竟，福利彩票是以"扶老、助残、救孤、济困"为宗旨的社会公益事业。

38岁的武汉彩民姜某为了中500万元巨奖，连续十几年借债、骗亲友、卖车卖房，共筹集80万元用于买彩票，结果巨奖未中，债台高筑，家庭破碎。谁都明白，买彩票中大奖的概率非常小，但有些人总以为奇迹会发生在自己身上。再加上确实有人花很少的钱中了300万元、500万元甚至几千万元大奖，于是他们就更希望奇迹发生在自己身上。姜某就是这样的人。但他忘了一点，"奇迹"之所以被称为"奇迹"，是因为那是小概率事件，它不会出现在大多数人身上。买彩票中大奖，如同大海捞针。

根据网上披露的数据，福利彩票和体育彩票中头等奖的概率是三亿分之一，中大奖的概率通常是千万分之一甚至更低。想一想，参与那些百分之一甚至十分之一能中奖的活动，你得过大奖吗？平时在买彩票的时候，不赔钱，能中个10元、20元的，已经很幸运了。

退一步说，就算出现了亿分之一的奇迹，一个普通人突然中了大奖，那也可能是要付出大代价的。而且，如果一个人对如何处理一大笔意外之财没有正确的认识，不仅会很快再度贫穷，而且还会麻烦不断。

对普通人来说，买彩票中的钱，一般情况下会拿去消费，而不是拿去投资。就算投资了，若没有赚钱的能力，大多数情况下，也都是赔本的买卖。能让钱生钱的人，大多数情况下是善于动脑、有判断力的人。这样的人不太可能花大笔的钱去尝试通过买彩票致富。有句话说得好："你永远赚不到你认知范围之外的钱，除非你靠运气，但是靠运气赚到的钱最后往往又会靠实力亏掉，这是一种必然。"

所以，偶尔买张彩票是无伤大雅的，但是最好持有一种娱乐心态，就是玩玩，就像看电影、听音乐、打游戏一样。别指望依靠买彩票暴富。把彩票当作一种消遣和放松的方式，即使没有中奖，也不会感到失落。

有些人会不断地投入时间和金钱去买彩票，有的不惜借钱甚至挪用公款去买彩票，最后引发了悲剧。这样做显然是不明智的。千万不要抱着侥幸心理去买彩票，希望通过中大奖，改变自己的生活。与其不断在彩票方面投入，不如去干些更靠谱的事情。

的确，成功离不开冒险，敢于冒险才能抓住机会。一个人若不敢为自己的事业而冒险，是不可能有丰硕成果的。然而，冒险不等于蛮干，绝对不是胡来，不是随心所欲地走"捷径"。亿万富翁约翰·瓦纳·克鲁奇说过："权衡风险大小至关重要。我从不在看不到前途的事上白费劲。"有智慧的人只会进行"恰当的冒险"，在采取行动前，一定充分估计了胜算的大小。绝对不会一点儿把握都没有，就盲目去冒险。

一向努力工作的你，走进老板的办公室，要求增加工资，这就是一种"恰当的冒险"。你可能会得到加薪，也可能不会，但没有冒险，就没有收获。放弃高薪，转做一份收入较低但发展前景更好的工作，也是一种恰当的冒险。也许将来某一天你会后悔自己离开了原来的位置。但是，如果你安于现状不肯冒险尝试，你永远也不会知道自己是否可以有一个更好的明天。

成功有捷径吗？可能是有的。但是，走捷径有一个不可忽视的重要前提：用正确的态度去追求财富。正确的态度包括但不限于：善于运用心术与谋略，发现他人没有发现的机会，愿意冒能带来合理回报的经济风险，找到有利可图的合适位置，进行明智的投资，比多数人更努力地工作……

很多刚步入社会的年轻人很快就会发现，赚钱比想象中的要难很多。

小李大学毕业后，到一家贸易公司担任秘书，去上班的那天早上她兴高采烈，晚上回来却哭丧着脸对爸爸说："原来钱那么不好赚！想想还是念书的日子好啊！"

钱的确不好赚，上班的人每天忙忙碌碌，有时还要加班，放弃私人生活。既要看老板的脸色，又要与同事和睦相处，更怕工作绩效考核不合格而被降级、炒鱿鱼……钱怎么会是好赚的呢？

自己当老板是不是就好多了呢？当老板固然有可能赚大钱，但也有可能血本无归，天底下没有稳赚的生意。为了保证企业的正常运营，当老板的无不绞尽脑汁开拓业务，有时赔本的买卖也要做。此外，还要应付同行的竞争，更怕骨干员工突然流失……

因此，可以说，天下没有好赚的钱！

只有认识到"钱难赚"这个事实，当你工作遇到瓶颈时，才不会怨天尤人，对工作才能兢兢业业，才不会有侥幸心理，不会对赚钱抱有太大的期望，那么也就不会有太多的挫败感。同时也因为钱不好赚，所以会珍惜每一分钱！

那么，要让难赚的钱好赚一些，应该如何做呢？首先，要有"钱难赚"的认识，这样无论是上班或创业，都会以较严肃的态度去对待。其次，做事不要草率轻忽，要脚踏实地地去努力，而不是盼望"天上掉馅饼"。

第五章

战胜
"囚徒困境"

"囚徒困境"引发的问题

俗话说："善有善报，恶有恶报。不是不报，时候未到。"这句话传达了一种普世的善恶观，具有劝善戒恶的作用，劝勉人们不可为恶，做不义之事。长期以来，不少人都认为它与"但行好事，莫问前程"和"己所不欲，勿施于人"的理念一样，只是人们的一种美好愿望，一种吃亏后又无可奈何的自我安慰。

然而，很少有人意识到，"善有善报"居然是一种能够被证明的科学原则。对管理学或经济学感兴趣的人，大都听说过"囚徒困境"这一经典案例。

甲、乙两个人一起做坏事，结果被警察发现，他们都被抓了起来。两个人分别关在两个独立的不能互通信息的房间里，接受审讯。在这种情形下，两个人都可以做出自己的选择：或者与警察合作，供出同伙，也就是背叛他的同伙；或者保持沉默，也就是与同伙合作，不配合警察的审讯。

这两个人都知道，如果他俩都能保持沉默的话，就都会被释放。因为只要他们拒不承认，警方在没有掌握其他证据的情况下就没法给他们定罪。警方也明白这一点。所以，他们就给了这两个人一点刺激：如果他们中的一个人和警察合作，即告发他的同伙，那么就可以被无罪释放，同时还可以得到一笔奖金。而他的同伙就会被按照最重的罪来判决；并且为了加重惩罚，还要对他施以罚款，作为对告发者的奖赏。当然，如果这两个人互相背叛的话，两个人都会被按照最重的罪来判决，谁也得不到那笔奖金。

那么，这两个人该怎么办呢？是选择互相合作，还是互相背叛？

从表面上看，他们应该互相合作，保持沉默。因为这样做他们俩都能得到最好的结果：自由。但是，他们不得不仔细考虑对方可能做出什么选择。

甲马上意识到，他根本无法相信自己的同伙不会向警方提供对他不利的证据，然后带着一笔丰厚的奖金离开，让他独自坐牢。这种想法的诱惑力实在太大了。但他也意识到，同伙乙也会这样来设想他。所以，甲的结论是，唯一理性的选择就是背叛同伙，把一切都告诉警方，因为如果他的同伙笨得只会保持沉默，那么他就会是那个带着奖金离开的幸运者。而如果他的同伙也根据这个逻辑向警方交代了，那么，甲反正要服刑，起码他不必在这之上再被罚款。

乙也很可能进行了类似的思考。所以，结果就是，这两个人都选择与警察合作，出卖了同伙，最后他们都得到了最糟糕的结果：坐牢。

除此之外，谈判、人际关系、强制性的合同和其他许多因素，也会影响当事人的决定。但"囚徒困境"确实提出了不信任和需要相互防范等这些不得不考虑的问题。

在现实生活中，由于面对"囚徒困境"，不愿彼此合作，选择两败俱伤的实例有很多。

然而，无论在自然界还是在人类社会，有利益冲突的对手之间选择合作，同样是一种随处可见的现象。那么，是什么原因，促使那么多生物体之间或者人类之间相互合作呢？这确实是一个既有趣又有现实意义、值得研究的问题。

美国密西根大学的罗伯特·爱克斯罗德教授曾对"囚徒困境"进行过深入研究，并得出了他认为满意的结果。

爱克斯罗德是一个政治科学家，对合作的问题久有研究兴趣。为了研究合作的问题，他组织了一场计算机竞赛。这个竞赛的思路非常简单：任何想参加这个计算机竞赛的人都要扮演"囚徒困境"案例中一个囚犯的角色。他们把自己的策略编入计算机程序，然后他们的程序会被成双成对地融入不同的组合。分好组以后，参与者就开始玩"囚徒困境"的游戏。他们每个人都要在合作与背叛之间做出选择。

但这里与"囚徒困境"案例有一个不同之处：他们不是只玩一遍这个游戏，而是一直玩 200 次。这就是博弈论专家所谓的"重复的囚徒困境"。它更加逼真地反映了人与人之间具有经常且长期性的人际关系。而且，这种重复的游戏允许程序在做出合作或背叛的抉择时，参考对方程序前几次的选择。

如果两个对手只玩过一个回合，显然背叛就是唯一理性的选择。但如果两个对手已经交手过多次，那么，双方就建立了各自的"档案"，用以记录与对方的交往情况。同时，他们各自也通过多次交手树立了或好或差的声誉。即便如此，对方的程序下一步将会如何抉择仍然极难确定。实际上，这也是这一竞赛的组织者最想从这个竞赛中了解的事情。

一个程序中的角色总是不管对方做出何种举动都采取合作的态度吗？或者，他能总是采取背叛行动吗？他是否应该对对方的举动回之以更为复杂的举措？如果是，那会是怎样的举措呢？

事实上，竞赛的第一个回合交上来的 14 个程序中包含了各种复杂的策略。但使爱克斯罗德和其他人大吃一惊的是，最简单的策略——"一报还一报"摘得了竞赛的桂冠。这是多伦多大学心理学家阿纳托·拉帕波特提交上来的策略。

"一报还一报"策略是这样的：程序中的角色总是以合作开局，但之后就会采取"以其人之道还治其人之身"的策略。也就是说，"一报还一报"策略实行了"你怎么对待我，我就怎么对待你"的原则。他永远不先背叛对方，从这个意义上来说，他是"善意的"。他会在下一轮中对对方的前一次合作给予"回报"（哪怕以前这个人曾经背叛过他），从这个意义上来说，他是"宽容的"。但他会采取背叛的行为来惩罚对方前一次的背叛，从这个意义上来说，他又是"强硬的"。而且，他的策略极为简单，对方一望便知其用意何在，从这个意义来说，他又是"简单明了的"。

当然，因为只有为数不多的程序角色参与了竞赛，"一报还一报"策略的胜出也许只是一种侥幸。但是，在上交的14个程序角色中有8个是"善意的"，他们永远不会首先背叛对方。而且这些善意的程序角色轻易就赢了非善意的程序角色。

为了决出一个结果来，爱克斯罗德又举行了第二轮竞赛，特意邀请了更多的人，看看"一报还一报"策略是否仍能摘得桂冠。这次有62个程序角色参加了竞赛，结果"一报还一报"策略又一次夺魁。竞赛的结论是无可争议的。好人，更确切地说，具备"善意的""宽容的""强硬的""简单明了的"这四个特点的人，将总会是赢家。

"一报还一报"策略的胜出，对人类和其他生物的合作行为的形成具有深刻的意义。这种策略能促使社会各个领域的合作，包括在最绝望的环境中的合作。比如，第一次世界大

战中自发产生的"自己活，也让他人活"的原则。当时前线
战壕里的军队约束自己不开枪杀人，只要对方也这么做，自
己就能做到。这个原则能够实行的原因是，双方军队都已陷
入困境数月，这一原则给了彼此相互适应的机会。

"一报还一报"策略的作用，使得自然界中没有智力的
生物，也能产生合作关系。这样的例子很多：啄木鸟和树蚁
通常不共戴天，但是南方红褐色的啄木鸟和黑树蚁却能够暂
时休战。啄木鸟把蛋下在黑树蚁的穴里后，它们就达成了协
议，黑树蚁保护鸟蛋不被破坏，啄木鸟保证不让其他鸟类毁
坏蚁巢。真菌从地下汲取养分，为海藻提供了食物；海藻反
过来又为真菌提供了光合作用，帮助真菌生产能量。无花果
树的花是黄蜂的食物，而黄蜂反过来又为无花果树传授花
粉，将树种撒向四处，它们之间形成了可以"双赢"的合作
关系。

或许特斯拉公司的老板马斯克非常明白这方面的道理，
所以他决定"毫无保留地开放所有专利，以应对环境变化"。
要知道，根据特斯拉官方网站公布的信息，其每项专利的价
格一般在 10 万美元以上。因此，放弃专利费用，意味着特斯
拉公司会减少很大一笔收入。

马斯克深知，如果自己能推出一个统一的平台，那么整
个汽车行业都将从中获益。全世界每年出产新车约 1 亿辆，

汽车保有量接近20亿辆。特斯拉2013年的销量是2.25万辆，2014年计划交付3.5万辆。特斯拉无法生产足够的电动汽车来消除燃油汽车排放二氧化碳所引起的危机。特斯拉真正的竞争对手不是如涓涓细流般存在的其他品牌电动汽车，而是每天如滔滔洪水般出厂的燃烧汽油的汽车。专利技术如今常常被用来巩固大公司的地位。特斯拉公司认为开放专利只会增强而不会削弱自己的地位。所以，免费开放所有专利乍看起来似乎有些傻，但从长远来看，的确是一件利人利己的明智之举。

为什么要对别人友好

一位哲人曾说："赠人玫瑰，手有余香。"不管有多少人唯利是图，不管有多少人背信弃义，只有坚持"一报还一报"合作原则的人，才能越走越远，越走越顺利。因为假设少数采取"一报还一报"策略的个人在这个世界上能互相遇见，并在今后的相逢中形成利害关系，那么他们就会形成小型的合作团队。一旦发生了这种情况，他们就能远胜于周围那些笑里藏刀类型的人。这样，参与合作的人数就会增加。很快，"一报还一报"策略最终就会占上风。而一旦建立了这种机制，相互合作的个体就能生存下去。那些不太合作的个体想侵犯和利用他们的善意，就会受到惩罚，信誉受损，无法在社会上立足。

既然"一报还一报"合作原则得到了普遍接纳，我们就要学会将心比心，站在对方的立场思考问题，凡事都替别人想一想。想一想："我这样做，对别人会是什么影响？别人是不是也有这种要求？我这样做，别人会是怎样的感受？"这样一来，就会少一些计较，多一些理解；少一些争吵，多一些谦让；少一些排斥，多一些帮助。大到社会，小到团体、家庭，都会因为这种将心比心而变得更加和谐。

孔子说："己所不欲，勿施于人。"这句话阐释了同样的处理人际关系的重要原则。孔子所言是指人应当以对待自身的方式为参照物来对待他人。人应该有宽广的胸怀，为人处世切勿心胸狭窄，而应宽宏大量，宽以待人。倘若将自己不想做的事硬推给他人，不仅会破坏与他人的关系，还会将事情弄得不可收拾。人与人之间的交往确实应该坚持这种原则，这是尊重他人、平等待人的一种体现。人生在世除了关注自身的存在，还得关注他人的存在，因为人与人之间是平等的。

中国人一直奉行孔子的这一观念，并将其作为与人交往的准则。这一说法，从浅层次上来说，是指自己不喜欢的东西，不要送给别人；从深层次上来说，是一种换位思考、推己及人、将心比心的行为准则。如果你不想别人以你不喜欢的方式对待你，那么你就不要以此方式来对待别人。进一步说，我们还可以采取更加主动的态度："你希望别人怎么待你，你就怎么待别人。"

这样做是不是就足够了？还不够，还有更高明的策略。如果说前面提供的是为人处世的"黄金定律"，那么，认知水平更高的人，还有一条"白金法则"：别人希望你怎么对待他，你就怎么对待他。简单地说，就是学会真正了解别人，然后以他们认为的最好的方式对待他们，而不是你认为的最好的方式。

这意味着，要花些时间去观察和分析他人，然后调整自己的行为，以便让他们觉得更称心和自在。这还意味着，要运用我们的知识和才能去使别人过得轻松、舒畅，这正是"黄金定律"的精髓所在。所以，"白金法则"并不是游离于"黄金定律"之外独立存在的东西。相反，你可以称它为后者的一个更新的、更富有人情味的版本。与"黄金定律"相比，"白金法则"更高级。

好的人际关系，是互相成就。善待别人，就是善待自己；成就别人，就是成就自己。世界上没有无缘无故的爱，也没有无缘无故的恨，每个人都有自己的思想和感知，谁对自己好，自己心里清楚得很，自己想要对谁好，心里也早有答案。重情重义的人，也会换来对方的不离不弃；乐善好施的人，也会换来对方的感恩戴德。当友善遇见友善，就会开出世界上最美的花朵。

成功不能只靠自己

在职场上，为什么明明同一批入职的人，有人很快被提拔，有人却一直默默无闻？为什么同样两个供应商，他们的产品和价格都没问题，最后却总有人能拿到大单？为什么同时入行，总有人能抢占先机"吃到肉"，而后面的人只能"喝汤"？

抛开表面上的运气、时机、背景等外界因素不谈，你会不会好奇其中有没有什么鲜为人知的奥秘？

实际上，有些人能够无往不利，轻易获得成功，不是因为他们运气好，而是他们掌握了不少"暗知识"——也就是那些并不像专业能力那样容易被注意到、被量化和度量，但对于个人进步和发展非常重要的能力。

王安石在《登飞来峰》一诗中写道："不畏浮云遮望眼，自缘身在最高层。"他的站位和认知要高于苏轼的"不识庐山真面目,只缘身在此山中。"不怕层层浮云遮挡我远望的视线,是因为如今我站在了最高层。也就是说,掌握了正确的观点和方法,认识达到了一定的高度,就能透过现象看到本质,就不会被事物的假象迷惑。那么,从"身在最高层"的角度如何看待生活中某些人的好运气呢?

一般来说,自然赋予每个人的条件是大体公平的,都有两只手和一个大脑。但是,每个人所创造的劳动成果却不尽相同:有的人辛苦一生,却只能勉强维持生计;而有的人却能在短时间内创造出多于他人几十倍甚至几百倍的财富。其中的奥妙何在?所谓好运气,当然不是一个人拜拜佛、烧烧香就可以获得的。运气来源于人们对自身的认知,以及努力的方法和程度。

人们的思考和工作方式各不相同。有的人勤勤恳恳、踏实苦干,靠自己的体力赚取劳动报酬;有的人则靠脑力来工作,他们勤于思考,找准方向后,便积极为自己创造成功的机遇,把一般人眼中的"不可能"变为"可能",从而取得令人惊异的成绩。

某科技公司招聘销售部经理的信息发布后,前来应聘的人络绎不绝。经过层层筛选,有三个人脱颖而出,进入最后的考试阶段。

这次考试并不是一般的书面答题或面试。公司给应聘者出的题目是，让他们三个在一个月内卖出 60 台电脑。

考试前，老板解释说："我们公司是我市规模比较大的电脑公司。加入我们，就会拥有良好的发展机遇。所以，公司对大家的考察相当严格。前几天进行的都是理论方面的测试，现在让大家进行一下实践能力的比拼。如果谁能在一个月内销售 60 台电脑，公司就聘他为销售部经理，同时每销售一台电脑有 50 元的提成。完不成任务的，就只能当普通员工，但照样每销售一台电脑提成 50 元。"

任务明确后，小王、小李、小杨开始着手自己的工作。

小王是应届毕业生，接到任务后他感到压力很大，心中火急火燎的。他天天在街上转，往单位钻。有时，他忙得连中午饭都没时间吃，全靠方便面充饥。

小李已在生意场上打拼多年，虽然最近生意不景气，准备另谋职业，但他对人情世故早已摸透了。明确任务后，他便到处找以前的同事和朋友帮忙，时不时还给帮忙的人送点小礼物，请单位有决策权的关键人物吃吃饭、钓钓鱼。虽然难度很大，阻力重重，但通过四处公关，他几乎每天都有电脑卖出。

小王看到这一切，自认为经理非小李不可了，在感叹自己社交圈太窄的同时，他仍然卖力地推销着电脑。他知道，即使当这家公司的普通员工也不错，得给公司留个好印象。

　　而研究生毕业的小杨则表现得比较沉稳，几乎天天坐在临时办公室里上网，一点儿忙着推销的意思也没有。当看到小王和小杨到公司汇报成绩时，他只是微笑，什么都没说。因此，很多人都怀疑：小杨真的是来应聘销售部经理的吗？

　　考试结束后公布结果，所有的人都傻了眼！整天忙碌腿都快跑断了的小王只卖了20多台电脑；善于搞关系的小李也只卖了40多台，离60台还远着呢！而从来不见出去谈业务的小杨，竟卖出了100多台，超出任务40多台，而且卖出的部分电脑价格还比公司原定的高十几元甚至是几十元，为公司多赚了好几百元钱。

　　毫无悬念，小杨当上了销售部经理。小杨就职后，人们不解地问他是怎么卖出电脑的。小杨解释说："虽然我几乎足不出户，但是我天天上网，查看国内外各种电脑配件的市场行情。同时，我以月工资2000元的价格，从市场上招聘了3名大学生当临时销售员，让他们每个人每天至少完成1台电脑的推销任务，超额完成任务的，每卖出一台可提成50元。虽然我每天仅用较少的时间去关注销售情况，但最终我却销售了100多台电脑。我用自己的6000元工资给3名大学生发工资，同时又搭进去不少钱给他们发提成奖金。因为，我认为，一个合格的销售部经理，显然不能只顾眼前利益……"

在生活中，那些真正的成功者靠的是运气吗？显然不是。靠的也不是体力劳动，而是自己的智慧。如果你还在拼命地工作，不妨暂停一下，跟智者学一学如何在工作中使用智慧。你会发现，有了智慧后，提高工作效率竟如此简单。记住，财富和成功不在愚者的勤劳双手中，而在智者的大脑中。

在世界上仅存的植物中，最雄伟的当数美国加州的红杉。红杉的高度大约是 90 米，相当于 30 多层楼高。

通过深入研究红杉，科学家发现了一个奇特的现象。一般来说，越高大的植物，它的根理应扎得越深。但科学家却发现，红杉的根只是浅浅地浮在地表。

理论上，根扎得不够深的高大植物，是非常脆弱的。只要一阵大风，就能将它连根拔起。为什么红杉却能长得如此高大，而且屹立不倒呢？

原来，红杉都是一大片、一大片地生长，没有独立长大的红杉。这一大片红杉的根彼此紧密相连，一根挨着一根，纵横交错。自然界中再大的飓风，也无法吹倒成百上千株根部紧密相连的红杉林。

红杉的浅根，正是它能长得十分高大的利器。它的根浮于地表附近，方便快速并大量地吸收赖以生长的水分，使红杉得以快速成长。同时，它也无须耗费能量，像一般植物那样扎下深根。它把其他植物用来扎根的能量用在了向上生长上。

红杉带给我们很多启示。成功不能只靠自己，还需要依靠别人，只有帮助更多人成功，你自己才能更成功。就像红杉林一样根部相连，通过充分而紧密的合作，建立不可动摇的伟业。

如果你尚未壮大，不妨伸出你学习的根，积极主动向优秀的人学习，与同伴密切交流，加入成功的团体，阅读成功者撰写的书籍，吸取他们的经验，了解成功者的态度，让自己更快速地成长。你只有掌握了这项借力与合作的诀窍，才能安全茁壮地成长。

荀子在《劝学》中说："假舆马者，非利足也，而致千里；假舟楫者，非能水也，而绝江河。君子生非异也，善假于物也。"有成就的人一开始和别人的区别不是很大，只是因为他善于借助和利用外物。这就是一种善于借助外部力量的大智慧。在生活中，积极借助他人之力，如老师、亲戚、朋友、同学等的力量，不仅能够事半功倍，而且还能够办成仅凭你一己之力想都不敢想的大事。

多年前，英国《泰晤士报》曾出过一个题目，公开征求答案。题目是：从伦敦到罗马，最短的道路是哪条？很多人根据地理位置和地形、地貌找答案，结果都落选了。只有一个答案获奖，那就是"一个好朋友"。报纸的编辑解释说，有一个好友相伴，沿途说说笑笑，不仅不会嫌路长，甚至还会感叹这段路太短。

有一句非洲谚语表达了差不多同样的意思："一个人走得快，一群人走得远。"你一个人的确能走得很快，但往往一群人能让你走得更远。的确是这样的。在人生的道路上，如果有人指引，有人陪伴，就不会走错，不会孤单，不会寂寞。

要想成功，不仅需要自己努力，还需要借助他人的力量。因为一个人的力量毕竟是有限的，要想在事业上获得成功，除了靠自己的努力奋斗，还需要利用外部条件，借助别人的力量。这就是《红楼梦》中所说的："好风凭借力，送我上青云。"当然，要想随时借助外部的力量，就要用心去构筑有助于自己发展的人际关系。

"物以类聚，人以群分。"在生活中，要有意识地去结交那些更优秀、更成功的人。这样才能不断提高你对人生和事业的认识。这就是人们常说的："鸟随鸾凤飞腾远，人伴贤良品自高。"

现代社会是一个崇尚合作、以才智取胜的时代，学会借助别人的力量去完成更复杂的任务。然而，别人不会无缘无故地愿意为你出力，因此，要时时想着服务别人、帮助别人。运气好的人，不论在工作上还是个人生活中，都喜欢慷慨地帮助和服务别人。他们知道，全力帮助别人获得他们想要的东西，自己的需求也更容易得到满足。这又回到了前文提到的"白金法则"。

在生活中，你付出的努力越多，你得到的回报越多。农民只有在春夏播下种子，秋天才会有收获。在庄稼丰收之前，他们必须付出辛勤的劳动。想在生活中获得强大的支持，就必须先积累足够的人情。人情就像存折，要先存后取，只有晴天留人情，雨天才好借伞。所以，与人交往的一个重要原则就是，要肯付出，不要怕吃亏，要乐于成人之美。

做到乐于成人之美不是一件容易的事。因为在面对成功时，很多人首先会想到自己，优先满足自己的需求。在竞争激烈的情况下，甚至会钩心斗角，打击压制别人，以此来成就自己。但往往越是这样，你越是给自己设置了障碍。假如你自己吃亏，去成人之美，你就会发现，自己的心愿也更顺利地达成了，因为对方会努力回馈你。聪明人总是在帮助别人、成人之美的同时，无意识地为自己营造了一个良好的环境，只要机会一来，他的成功将是注定的。

所以，要提高站位，提高认知。成就别人等于成就自己，推荐别人等于推荐自己，方便别人等于方便自己。这才是"不畏浮云遮望眼，自缘身在最高层"的处世境界。

至高无上的生存法则

一家公司准备从基层员工中选拔一位主管。

公司选拔测试的题目是，要求参加竞聘的员工从各种各样的障碍中穿越过去，到达目的地，把事先藏在某处的一根金条找出来。谁能找出来，金条就属于谁，公司就提拔谁当主管。

员工们异常兴奋，马上行动了起来。但是公司设置的障碍太难通过了，满地都是西瓜皮，每走几步都可能会滑倒，要到达目的地非常不容易。

这时，公司的一位清洁工跟在寻找金条队伍的最后面。对于寻找金条这件事，他似乎并不在意。他只是把垃圾车拉过来，把西瓜皮一锹锹地装了上去，然后一车车地拉到垃圾堆放处。

一个多小时过去了，西瓜皮也快被清洁工清理完了。那些好不容易踩过西瓜皮跌跌撞撞冲向目的地的员工，四处寻找金条，但是一无所获。

反倒是那个清洁工，在清理最后一车西瓜皮的时候，发现了藏在下面的金条。

公司召开全体大会，宣布正式提拔这位清洁工做主管。

董事长问大家："你们知道公司为什么提拔他吗？"

好几个人异口同声地回答："因为他找到了金条。"

董事长摇摇头。

又有人回答："因为他能做好本职工作。"

董事长摆了一下手，说："不全是因为这两个理由，他最可贵的地方在于，他富有团队精神，在你们争先恐后寻找金条的时候，他在默默地为你们清理障碍。团队精神，是一个公司最宝贵的财富！"

团体意识强的人，处处会考虑方便别人，有时还会被某些"聪明人"当作"傻子"。但是在现代职场，要想发展得好，必须具备团队意识，富有合作精神，不能只考虑自身的利益。只有团队意识强的人在事业中才能得到别人的支持，获得成功。这或许就是老子所主张的："夫唯不争，故天下莫能与之争。"

合作无处不在。即使在自然界中，人们也不难发现合作的身影。在蚂蚁家族中，有着复杂又严格的分工。工蚁负责探路和寻找食物，兵蚁肩负着蚁巢的安全保卫工作，蚁后则负责生育后代。每一个成员都必须分工合作，相互配合，缺了谁也不行。蚂蚁族群凭借每一个成员的合作，才能生存下去。

在 100 多万年的自然变迁中，狼之所以能够生存并成为兽类中最优秀的种族，就是因为奉行群居的生存法则。狼深知物竞天择、适者生存的道理。它们特别重视团结协作。狼群为了生存，组成了强大的生命团体和力量核心，形成了个体与团队坚不可摧的生存力和战斗力。

群居的狼，狩猎的时候靠的是集体的力量，既有明确的分工，又有密切的协作，齐心协力战胜比自己强大的对手。要维护好这种合作精神，需要彼此之间的充分信任和全力支持。

狼团结、勇敢，充满智慧。草原狼在捕杀猎物时，它们的每一次进攻都堪称经典。它们不打无准备之仗，踩点、埋伏、攻击、围追、堵截，组织严密，很有章法。为了不使狼群暴露，因独处而被人发现的狼，往往会逃向与狼群相反的方向，牺牲自己，保全整个狼群，这就是一种团结协作的智慧。它们很少各自为战，所有的行动都是在狼王的统一调度下进行的。只要狼王一声令下，群狼便会立即冲向目标，勇不可当。即使被牧民和猎狗围困，四面楚歌，它们依然镇定自若，彼此照应。狼不畏惧死亡，它们为了冲散马群，不惜牺牲老弱的狼去撕咬外围马的肚皮，与马同归于尽。与一群狗的争斗中，狼也是前赴后继，永不退缩。

许多动物不怕单独行动的狼。但是一群有着团队精神和严密组织与配合默契的狼，却足以让狮、虎、豹、熊等任何比其更加凶猛的野兽有所顾忌，退避三舍。

　　狼群不仅懂得彼此合作，也会与其他动物和谐地相处。与其他动物的合作，通常是为了达到彼此的需要，但有些时候，也许只是因为好玩。狼群与乌鸦之间的合作，就是最为典型的例子。

　　乌鸦是十分优秀的高空搜索者，当它们在高空发现地上有受伤或死亡的猎物时，它们就会把消息同时传达给乌鸦群和附近的狼群，并带领它们到达猎物所在的地点。作为回报，野狼会用强壮的爪子为乌鸦撕开猎物的躯体，然后大家一起分享美食。

　　当狼与乌鸦一起进食时，它会象征性地扑向身旁的乌鸦，但不会真正去伤害乌鸦，绝对不会把乌鸦当成自己的食物。而乌鸦似乎也懂得这一点，所以，根本不会被吓跑，直到吃饱。

　　狼与乌鸦不仅共同生活在自然界里，而且似乎合作得很愉快。这种合作关系，让它们在适者生存的竞争考验中更容易存活下来，成为千百年来持续领先其他动物的最优秀群体之一。

和而不必同，不是不能同

当今社会，分工越来越细。在现实的竞争环境中，任何人都不可能独立完成所有的工作，也不可能仅凭个人的力量大幅地提升企业的竞争力。每个人所能实现的，仅仅是企业整体目标的一小部分。因此，团队力量的发挥，已成为企业在竞争中取得胜利的必要条件，团队精神日益成为企业文化的一个重要因素。

团结协作是企业成功的基础，个人和集体只有依靠团结的力量，才能把个人的愿望和团队的目标结合起来，产生"1+1>2"的效果。

"同心山成玉，协力土变金。"一个集体的成功，既需要每个成员付出自己的汗水，也更需要团结协作的合力。一个单位，如果组织涣散、人心浮动，犹如一盘散沙，就会缺少生机与活力，干事与创业就很难成功。在一个缺乏凝聚力的环境里，个人再有雄心壮志，再有聪明才智，再有丰富的经验，也不可能取得成功。只有懂得团结协作的人，才会把团结协作当成自己应尽的责任，才能明白团结协作对自己、对别人、对整个集体的重大意义。在前进的道路上，每个人都发挥自己的长处,再通过他人的长处弥补自身的不足,那么整体竞争力就会大幅度提升。

一个追求卓越的人,必须有以大局为重的全局观,不斤斤计较个人利益,将个人的追求融入团队的总体目标中去,从自发地遵从到自觉地培养,最终实现团队的最佳整体效益。

注重团队协作,努力融入集体,并不是要牺牲自己所有的利益,抹平自己所有的棱角,而是要把握一定的原则。

具体该如何把握呢?简单地说,就是要做到"和而不同"。

"和"的思想是我国古代非常重要的一种思想,"和"的意思可以用"五味调和"里的"和"来阐释。好厨师做菜,不会只用某一种调料,而是根据食材和口味偏好,使用甜酸苦辣咸等不同味道的调料,这样才能烹饪出各种美味。美妙动听的音乐是由不同乐器、音律、声调相互搭配、相互调节而成的。可见,"和"是指内部有着诸多差异性的统一,而不要求绝对的一致。

君子可以与其周围的人保持和谐融洽的关系,绝不这边搭台、那边拆台,而是相互补台、好戏连台;小人则没有自己独立的见解,只求与别人完全一致,不讲求原则,虽然放弃了自我,但是并不能与别人保持融洽友好的关系。这就是孔子所说的"小人同而不和"。

君子与小人的区别在于,君子懂得和而不同、同而不和的道理,而小人不懂。所以,君子与君子相处时,允许不同思想和主张的君子与自己相处;小人与小人相处时,会党同伐异,排斥异己。

有句十分有哲理的话说:"世界上没有两片完全相同的叶子。"它生动地说明了"不同"才是世界的常态。正因为不同是一种常态,那不同中的"和"才显得弥足珍贵。在生活中,每个人是独立的个体,认知水平有别,角色各异,因此所做出的选择和决定也不相同。懂得理解每个人的差异,既不执着于改变别人,也不违心于改变自己,求同存异,才是最理想的相处之道。

"五四"时期的北京大学,时任校长蔡元培先生在北大提倡"兼容并包"的治学理念。所以,当时的北京大学成了中国前沿思想的集中地。那里既有辜鸿铭这样的保皇派,还有陈延年、陈乔年这样的无政府主义者,更有陈独秀、李大钊等马克思主义者。各种思想齐聚一堂,那些大家们虽百家争鸣、相互论辩,却又惺惺相惜、求同存异。因为大家有一个共同的理想:把北大建设好,把学生教育好。

孔子所主张的"君子和而不同",就是说,君子会在言行方面与人和谐相处,但并不会人云亦云、盲目附和。因为他们有自己的观点和原则，在和谐的前提下依然有着自己的独立认识和见解，保持着独立性。

当然，和而不同，是"和而不必同"，并不是"和而不能同"。只要有利于团队发展，完全可以和而不同、求同存异、互相包容、平衡互补，坚持一致性和多样性的统一，找到最大公约数、画出最大同心圆，在推动团队不断前进的道路上，共生共长。

德不配位，必有灾殃

一位哲学家带着一群学生去游历世界。10年间，他们游历了所有的国家，拜访了所有有学问的人。现在他们回来了，个个满腹经纶。

在进城之前，哲学家在郊外的一片草地上坐了下来，说："经过10年游历，你们都已是饱学之士。现在学业就要结束了，我们上最后一堂课吧！"

弟子们围着哲学家坐了下来。哲学家问："现在我们坐在什么地方？"弟子们答："现在我们坐在旷野里。"哲学家又问："旷野里长着什么？"弟子们说："杂草。"

哲学家说："对，旷野里长满杂草。现在我想知道的是，如何除掉这些杂草？"

弟子们非常惊愕，他们都没有想到，一直在探讨人生奥妙的哲学家，最后一堂课提出的问题竟然这么简单。

一个弟子首先开口说："老师，只要有铲子就够了。"哲学家点点头。

另一个弟子接着说："用火烧也是一种很好的办法。"哲学家微笑了一下。

第三个弟子说："撒上石灰，就能除掉所有的杂草。"

接着讲话的是第四个弟子，他说："斩草除根，只要把根挖出来就行了。"

等弟子们都讲完了，哲学家站了起来，说："课就上到这里了。你们回去后，按照各自的方法去除掉这些杂草。一年后，再来相聚。"

一年后，他们都来了。不过，原来相聚的地方已经不再是杂草丛生的旷野，而是一片长满谷子的庄稼地。

哲学家用实践告诉弟子们：要想除掉旷野里的杂草，最好的方法只有一种，那就是在上面种上庄稼。同样的道理，要想让灵魂圣洁无瑕，最好也是唯一的方法，就是用美德去占据它。

为什么要除掉旷野里的杂草呢？或者说，哲学家为什么要上这最后一堂课呢？试想，那些学生们的人生如果缺了这最后一堂课，即使学富五车，也很可能偏离人生的方向，甚至误入歧途。人们最容易忽视也是最不应该忽视的"暗知识"是：注重培养美德，对一个人的成长和发展是极为重要的。

中国古人指出："品德完备的人，功名显赫；品德不全的人，身败名裂。"舜没有一点儿土地，结果得到了整个天下；禹没有十户人家，结果能使诸侯都归顺于他。商汤和周武王的土地也不过百里，对上不断绝日、月、星的光明，对下不伤害老百姓的心，所以才能把功勋和事业流传到后代，并被后人世代称颂。

孔子在《周易·系辞下》强调："德不配位，必有灾殃；德薄而位尊，智小而谋大，力小而任重，鲜不及矣。"意思是说，一个人德行浅薄却占据高位，智慧有限却要自作聪明地谋划大事，能力有限却要不自量力地承担重任，这些情况很少有不招致灾祸的。

比如，一个普通人本来过着默默无闻、普普通通的日子，突然发了大财，或者做了大官，就很容易胡作非为，吃喝嫖赌，欺压百姓，受贿索贿，权钱交易，时间不长，灾殃就来临了。

这是一个真实的故事：

2008 年，陈某路过一个彩票店，因为平时有买彩票的习惯，就随手买了两注双色球，谁都没想到的是，他一下子居然中了 1000 万元！

于是，一夜暴富的陈某膨胀了。他开始挥金如土，瞎折腾：花 120 万元买房买车；在自己根本不懂的领域投资 300 万元做生意；跟老婆离了婚，花几百万元包养情人；去澳门赌场输了将近 100 万元……

陈某曾经投资过采砂场，做过酒品牌代理商，还干过家电销售，但都因为不擅长且不懂经营，结果都打了水漂。

仅仅三年多的时间，陈某变得一贫如洗，开始变卖家产，抵押房子、车子。他的老父亲只能搬进月租金 300 元的地下室。

2012 年 8 月，身无分文的陈某只能动用 20 万元额度的信用卡，继续挥霍、折腾。在恶意透支 18 万元以后，因没有钱偿还，他就四处躲藏。走投无路的时候，他竟然回到当初给他带来"幸运"的地方，想在那里试试手气，看看能不能再中一次大奖。

然而，除了一副冰冷的手铐，他什么都没得到。被抓时，他身上只剩下 80 元。

2014 年，一名记者在看守所采访了他。

记者问他："你是不是特别想回到中奖以前的生活？"

陈某说："这就像是一场梦，中奖后，刚开始感觉很美好，越到后来越发现是噩梦。不过现在已经结束了。"

记者又问："如果能重来一次，能自由选择，你会不会还选择中奖？"

陈某说："我宁愿从来没有中过这 1000 万元……"

除了陈某，还有很多一夜暴富的拆迁户，除了瞎折腾，什么都不会干，没多久就又过上了穷困潦倒的生活。这就是典型的"德不配位"的实例。如果你没有驾驭财富的品行和能力，给你 1000 万元、1 亿元又如何？就算你在短时间内得到巨额的财富，也会在短时间内败光，甚至比以前过得更差！

高尚的品德是一个人成就伟大事业的基础。就如同兴建高楼大厦一样，假如不事先把地基打牢，就不可能建成坚固而耐久的大楼。

对于官场的人来说，避免"德不配位"十分重要，否则，给自身、给社会造成的灾殃和危害可能会更大。古今中外，有大量的实例，都证明了这一规律。

有个人住在京城里，在国子监教书。一天，他偶尔路过延寿街，看见一个年轻的书生正在掏钱买一本书，有一枚铜钱掉在地上。他就走过去，悄悄用脚踩住铜钱。等年轻人走后，他就弯下腰把钱捡起来。旁边坐着一个老头，目睹了一切。老头忽然站起来问这个人的名字，冷笑两声就走了。

后来，这个人进了誊录馆，求见选官，得到了江苏常熟县尉的职位。他已打点好了行装，准备上任，递了一张名片给上司。当时，汤潜庵正担任江苏巡抚，这个人求见了十多次，巡抚都不见他。

汤潜庵一生政绩卓著，为官清廉，颇受百姓拥戴。他胸怀宽广，极能容人。他前往江苏赴任时，布衣牛车，只带了一个老仆。途中遇到一个知县，车马华丽，仆从相随，威风凛凛。知县家奴见汤潜庵的牛车在前，怒斥其避让。汤潜庵不与其计较，让牛车避让了知县的马车。中途住店，又遇到这个知县，知县得寸进尺，竟逼汤潜庵把最好的房间让出来。汤依然宽容忍让，没有计较。后来，知县听闻汤潜庵是新任巡抚，惭愧万分，无地自容。康熙皇帝闻知此事，御赐汤潜庵宝马，以示嘉奖。

这个常熟准县尉知道汤潜庵的宽容豁达，因此，对于自己的求见被拒感到非常诧异。

官府里的差役传达汤潜庵的命令，叫这人不必去赴任，原因是他的名字已经挂进了被检举弹劾的公文里了。这人大惑不解，便问自己是因什么事情而被弹劾的。差役回答说：“因为贪污。”

这人想，自己还没到任，哪里会贪污呢？肯定是搞错了，就想进去当面解释一番。差役将此事禀报了汤潜庵后，再次出来传达道：“你难道不记得当年在书铺里发生的事了吗？

你当秀才的时候，尚且爱那一文钱如命。现在你运气好，当上了地方官，那你还不把手伸进人家的口袋里去偷，成了戴着乌纱的小偷？请你马上放下大印走吧，这样对你来说未必是坏事。"这人才知道，当年问他姓名的老头，竟是这位汤老爷。于是他惭愧地辞官而去。

还没上任就被弹劾，也算是一件奇闻吧。这个故事足以引起那些贪图小利、行为不检的人警醒吧？

以汤潜庵的聪明，显然知道学问对于一个书生的重要性，但他更知操行的重要性。千里之堤，溃于蚁穴。防微杜渐，不可不察！汤潜庵阻断了他的为官之路，同时也阻止了他走上贪腐犯罪的不归路。这个人虽不能做官，但还可以做一个自食其力的普通人。这无疑是他的幸运。铁窗之下，刑场之上，有多少哀号涕泣之人，后悔当初没有条件创造条件也要千方百计地当官呢？

那么，怎样才能使自己的品德配得上自己的社会地位，避免悲剧的发生呢？

两千多年前，孔子的学生司马牛就曾向自己的老师请教过这方面的问题。

在孔子的诸多弟子中，司马牛算是一个"名人"了，甚至在小说《红楼梦》中，薛宝钗和林黛玉聊天的时候，还曾提到过这个人。

黛玉说她在贾府孤苦无依，多一事不如少一事。宝钗开解她说："我虽有个哥哥，你也是知道的，只有个母亲比你略强些。咱们也算同病相怜。你也是个明白人，何必做'司马牛之叹'？"宝钗这样说，一方面是为了安慰黛玉，另一方面也是抱怨哥哥薛蟠。

《论语》中记载，司马牛曾遗憾地说："人皆有兄弟，我独无。"而宝钗认为自己虽然有个哥哥，但薛蟠向来不上进，"不着调"，跟没有一样。可见，作为哥哥的薛蟠因为"德不配位"，就连自己的妹妹都看轻他。

司马牛向自己的老师请教，怎样才能成为一个君子，也就是道德高尚的人。

孔子回答说："君子不忧愁，不恐惧"。司马牛不太明白，接着又问："不忧愁，不恐惧，这样就可以称作君子了吗？"孔子的回答是："自我反省，如果是光明正大没有愧疚的话，又有什么可忧愁和恐惧的呢？"当然，如果心中有鬼，问心有愧，就是另外一种情形了。

南唐时期，王鲁是当涂县的县令。他贪得无厌，财迷心窍，干了许多贪赃枉法的坏事。

常言说："上梁不正下梁歪。"王鲁手下的那些大小官吏，见上司贪赃枉法，便也一个个变着法子敲诈勒索、贪污受贿，巧立名目搜刮民财，明目张胆地干坏事。因此，当地的百姓苦不堪言，恨透了这些狗官，希望能有机会好好惩治他们，出出心中的恶气。

一次，适逢朝廷派人下来巡察地方官员的情况。老百姓一看机会来了，于是大家联名写了状子，控告县衙里的主簿等人营私舞弊、贪污受贿的种种不法行为。

状子首先递交到了县令王鲁手上。他把状子从头到尾只是粗略看了一遍，就吓得心惊肉跳，浑身打哆嗦，直冒冷汗。因为状子中所列举的各种恶行，王鲁确实曾经干过。如果老百姓继续控告下去，马上就会控告到自己头上了，自己岂不是要大祸临头！

王鲁越想越觉得事态严重，越想越觉得害怕，惊恐的心怎么也安静不下来，便不由自主地用颤抖的手拿笔在案卷上写下了自己内心的真实感受："汝虽打草，吾已惊蛇。"写罢，他手一松，瘫坐在椅子上，笔也掉到了地上。

王鲁虽然把这个状子压了下来，但是自己也吓得大病一场，以后总是提心吊胆，惴惴不安，再也不能过平静的生活。

我们可以不相信因果报应，但是，我们不能不相信"天网恢恢，疏而不失"。那些干了坏事的人，常常是做贼心虚，当真正的惩罚还未到来之前，只要有一点动静，他们就会闻风丧胆。看起来，做人还是要约束自己、奉公守法的好。

有句古话说得好："惧法朝朝乐，欺公日日忧。"一个人在法律面前，有畏惧感，时刻不敢违法，只能遵守，那么这个人每天都会得到欢乐、平安与幸福；反之，一个人在法律面前，无畏无惧，时刻想着不遵守法律，天天想着干一些违法的事情，那么这个人便日日不得安宁，天天怕暴露在光天化日之下，时时怕被绳之以法。他的日子能不忧愁吗？

传统医学认为，人的七情六欲与人的五脏六腑有着密切的关系。《黄帝内经》说："喜则伤心，怒则伤肝，惊则伤肾，思则伤脾。"因此，我们要善待自己，做到身与心和谐。不要给自己增加负罪感。也就是在我们为人处世的时候，不要做损人利己的事情，不要做使自己内心不安的事情，不要做让自己有负罪感的事情。这种思想和行为，一位医学博士把它叫作"弊导思维"。这位博士研究的结果证明，弊导思维有害于人的身体健康。当人产生"弊导思维"时，大脑就会分泌一种有毒的荷尔蒙——去甲肾上腺素。它会使人产生疾病，加速老化，导致早死。据说，去甲肾上腺素的毒性是自然界毒蛇的3倍。

现实生活中的腐败分子，他们的腐败行为就是在给自己增加负罪感。巴西的一名医生通过10年的对比和研究，发现583名不廉洁的官员中有60%会生病和死亡；另外583名廉洁的官员中，生病和死亡的只占16%。他因此提出了"腐败死亡论"：当违反道德准则时，在精神和身体上就会受到自体的攻击，最终导致疾病和死亡。

一切以权谋私的腐败分子都是恶人和坏人，他们唯一的出路就是去恶从善。否则，他们必然受到惩罚，即使侥幸逃脱了法律的制裁，也无法逃脱"自攻击体"的制裁。对普通人来说，尤其是年轻干部，一定要从腐败分子的悲惨下场中引以为戒，坚持信仰，恪守道德。

2012 年 7 月，一位知名校友在北京大学中文系毕业典礼上致辞。她说："马克思曾慨叹，法兰西不缺少有智慧的人，但缺少有骨气的人。今天的中国，同样不缺少有智慧的人，但缺少有信仰的人。""我唯一害怕的是你们已经不相信了——不相信规则能战胜潜规则，不相信学场有别于官场，不相信学术不等于权术，不相信风骨远胜于媚骨。""在你们走向社会之际，我想说的是，请看护好你们曾经的激情和理想。在这个怀疑一切的时代，我们依然需要信仰。"

这个社会需要的，不是年轻人的适应，而是年轻人的坚守。不用害怕圆滑的人说你不够成熟，不用在意聪明的人说你不够明智，不要照原样接受别人"推荐"给你的生活，选择坚守、选择理想，选择倾听内心的呼唤，才能拥有真正属于自己的人生。

无论什么时候，都要秉持光明磊落、正直公正的为人处世之道，面对周边发生的事情，自己要做到心中有一杆秤，要有正确的价值观和人生观，不要随波逐流。要努力做到光明磊落、坦坦荡荡，无愧于天地。尤其是在面对一些歪风邪气的时候，能够经受住金钱和利益的诱惑，守好自己心中的一片净土。

保持良好的品德，不是给别人看的，而是对自身的要求。不管有没有人监督，在任何情况下，都要"有所为，有所不为"，都要保持良好的道德。"慎独"是一个人获得成功的重要条件。只有表里如一，把正直、廉洁、保持良好的品德作为一生的习惯，才能在社会中立于不败之地。

在寂寞中可以更好地感受生命

很多人都见过结网的蜘蛛，你知道它是怎么结网的吗？蜘蛛首先判断昆虫经常出没和通行的地方，然后选择有利的位置，编织一张尽可能大且牢固的蛛网。

网织成以后，不见得立刻就会有食物送上门来。蜘蛛可能需要为了一只飞虫，等待几小时，甚至一整天。有时候，等待一两天，也见不到一个飞虫的影子，最终一无所获。但是它相信，只要坚持下去，总能捕到猎物。因为在选择织网位置的时候，蜘蛛就知道，这里是飞虫喜欢活动的地方，它们迟早会来。

在飞虫到来之前，蜘蛛一动不动地在蛛网的中间，或者在蛛网的一旁等待猎物……

从蜘蛛的行为中，我们能悟出什么道理呢？

古来圣贤皆寂寞。伟大思想家黑格尔在著书立说之前，曾缄默六年，离开了热闹的社交场所。在这六年中，他以思为主，钻研哲学。哲学史家认为，这平静的六年，其实是黑格尔一生中最重要的时刻。沈从文的《中国古代服饰研究》、钱钟书的《管锥编》和陈寅恪的《柳如是别传》之所以能产生，是因为这三位大家能甘于寂寞。1949 年之后，这三个人的学问都被边缘化了，不处于主流位置。能够守住"非主流"而潜心研究写作，其实是很不容易的。正因为不容易，能坚持的人少，才显得愈加珍贵。

庄子说："夫虚静恬淡，寂寞无为者，万物之本也。"人只有在寂寞中，才能更好地感受生命，认识自己，发展事业。他曾讲过这样一个寓言故事：

钓小鱼虾的人，扛着钓竿，东奔西走，池边、河边，能找到很多有类似爱好的同伴，并且天天有所得。有一位王子却在海边钓海鱼，他的钓钩像大铁锚，钓绳像水桶一样粗。他孤零零的一个人，长年累月地坐在海边的山上垂钓，十年也无所获，别人都觉得这个人很奇怪。

十年过去了，王子终于钓到一条大鱼，他把鱼弄上岸，分割开来，让全国人都来享用这条鲜美的鱼。

庄子之所以讲这个寓言故事，就是想告诫人们不要争一时之长短，大收获必须付出长时间的努力与等待。不管是道家、儒家还是佛家，都主张"要耐得住寂寞"。

有人问禅师："鲤鱼在没有跳过龙门之前做什么？"

禅师回答："在深潭寒水中修身养性。"

又问："跳过龙门后又怎样？"

禅师回答："跳过龙门后，腾飞天上，其他鱼类难以企及。"

又问："那又怎样？"

禅师回答："龙行云布雨，滋润世界。每个人都有自己的境遇，沉潜时要耐得住寂寞，成就后要福泽天下。做鱼做龙不重要，重要的是在什么环境中做什么事。"

"板凳要坐十年冷，文章不写一句空。"著名作家孙犁就曾建议青年文学爱好者"在寂寞中追求"。他指出，青年人感情比较丰富，喜欢想象，对文学产生兴趣也是很自然的。爱好文学和写作的青年人较多，然而成功者却很少，这是什么原因呢？文学事业需要经过长期艰苦的努力，要经过十年八年，甚至几十年的奋斗，才有可能取得一点点成绩。不少青年人仅凭一时爱好去写作，而不是长期执着地去钻研和追求，没有做好失败的准备。这样，一遇到挫折，就会心灰意冷。

孙犁说，和科学一样，文学也是一条寂寞之道，文学事业是寂寞者的事业。有志于文学者，首先要甘于寂寞，耐得住长期的寂寞，不要让名和利总在那里诱惑你，总被这些想法纠缠，你是写不出好东西的。只有让心平静下来，才能像小孩子一样去看这个世界，平静而真实地反映现实。倘若总想着做官、发财，心就不能平静，怎么可能真实地感受和反映现实？有的人好热闹，整天闲不住，好交际，喜欢搞点名堂，若把精力用在这些方面，就不能用在写文章上了。写文章要潜思，沉下去思考。若终日忙忙碌碌，被别的事情干扰，总计较个人得失，职位高下，稿费多少，怎么能写出好东西呢？必须摆脱各种干扰，坐下来，静下来，稳定情绪，甘于寂寞，才能有所作为。

歌德说："人可以在社会中学习，然而，灵感却只有在孤独的时候才会涌现出来。"熟悉孙犁的人知道，在耐得住寂寞、安于清贫等方面，孙犁是大家的榜样。茅盾曾评论说，孙犁有自己一贯的风格。他是那种布衣蔬食、淡泊明志的作家。他选定了清贫的作家之路，并始终如一地坚守一个作家的良知。

在我们的身边，每天不知有多少人不甘寂寞，迷恋灯红酒绿、觥筹交错。而人的精力是有限的，所以要有不被外界所迷惑、所诱惑的定力，将无休止的欲望归于最有价值、最有意义的地方。只有耐得住寂寞，才有可能干一番真正的事业，减少人生的遗憾。

这几年，无论是打工的，还是做生意的，大家的日子都不好过。这个时候，我们一定要有充分的耐心去等待，就像一只端坐在蜘蛛网中央的蜘蛛。只要用心结好自己的网，终究会迎来期望中收获的那一刻。

杨清文作为著名的反派演员，出演了很多抗日题材的影视剧。他由一名普通司机成为演艺界的名人，和他甘于寂寞、坚持自学日语是分不开的。

杨清文出生在河北省承德市农村。成年后，因家庭条件不好，杨清文只能做一名司机。20世纪80年代，承德市和日本柏市建立了友好城市，杨清文感觉学日语可能会有用，就开始跟着《广播日语》学习，又专门报了一所夜校系统学习日语。虽然连一个日本人都没有碰到过，他还是坚持五六年很刻苦地练习口语。即使遭到同村的人的不解甚至嘲笑，他也毫不在乎。

后来，朋友推荐杨清文去给剧组开车，说那样能多赚一些钱。

一天，杨清文送演员来到剧组，听到导演在现场高喊：

"会说日语的，站出来！片酬是群演的三倍！"

原来，当时在拍《亮剑》，剧中需要一位会说日语的军官角色，却一直找不到合适的人选。于是，杨清文毛遂自荐。

日语导演杨连青写了一段话，要求杨清文用日语读出来。结果导演拍案叫绝，说他的日语比一些日语老师还流利标准。就这样，杨清文意外成为剧中黑岛森田一角的扮演者。不仅有台词，戏份还不少，而且在片尾演员表中还写上了杨清文的名字。

随着《亮剑》的大火，杨清文在业内也打出了名气。

很多导演都向他发出了邀请，《雪豹》《杀虎口》《永不磨灭的番号》《勇士之城》《奢香夫人》《锄奸》《高粱红了》等影视剧中都有他的身影。他正式成为"日本人专业户"、著名演员。如今，又有谁能体会到杨清文当年自学日语时的寂寞和艰辛呢？

刘海粟大师说，年轻人"精力正旺，正是做学问的好时光，一定要甘于寂寞。你集中一段时间闭门学习，不去赶热闹，暂时远离公众的视线，没啥了不起。等你真正有成就了，社会会永远记得你，你就永远不会冷清，不会寂寞了。这是我的经验之谈。""对一个名人来说，热闹有时就是捧场，就是奉承。这对从事艺术创作是有害的。因为太热闹，脑子容易发热，冷静不下来。"

任何一个正常的人都不能脱离群体。可是，如果你喜欢独来独往，那么就不必过分在意别人的目光。如果你每天上下班需在途中乘车一两个小时，你想利用这段时间看书、听外语、思索或闭目养神，那么就不必勉强自己和别人结伴或拼车，或者参与无聊的闲谈。

爱因斯坦在《我的世界观》一书中，坦率地进行了自我解剖："我对社会正义和社会责任的强烈感觉，同我显然的对别人和社会直接接触的淡漠，总是形成古怪的对照。我实在是一个'孤独的旅客'，我未曾全心全意地属于我的国家、我的家庭、我的朋友，甚至我最接近的亲人；在所有这些关系面前，我总是感到有一定距离并且需要保持孤独，而这种感受正与年俱增。"爱因斯坦终生对物理学、艺术和哲学的真挚的爱，以及在诸多方面所取得的成就，与他甘于寂寞、喜欢独立思考是分不开的。

在滚滚红尘中、功名利禄下、各种诱惑前，只有保持平常心态、超然情怀，视若无物，才能静下心来做事。一般的人耐不住寂寞，耐得住寂寞的也不是一般的人。古往今来的智者、贤者、成功者，莫不是耐得住寂寞的。

在喧嚣而躁动的世界里，一般人是很难耐得住寂寞的，因为红尘中有太多的诱惑，现实中又有太多的羁绊，因此使得人们的内心饱受折磨。但是，要想成就一番事业，就必须耐得住寂寞，十年寒窗、十年面壁、十年磨一剑……寂寞是锻炼人的意志的一种方法，也是孕育成功的一个环境。

一位著名的学者说："我们有许多搞学术研究的、搞创作的，吃亏在耐不住寂寞、总是怕别人忘记他。由于耐不住寂寞，就不能深入地做学问，就难有所成。"但凡成功者都必有自己独特的生活方式，否则，幸运为什么独独喜欢降临到他们头上？因此，在生活中不要害怕孤独，要学会享受孤独，甘于寂寞，在寂寞中探索，在寂寞中奋斗，在孤独中努力发现自我。

第六章

警惕
"羊群效应"

眼睛看不到的细节

《礼记·大学》说："心不在焉，视而不见，听而不闻，食而不知其味。"意思是，如果一个人的心不专注，就是睁大眼睛去看也看不见，听也听不见，甚至连吃东西都不知道食物的味道。不难理解，一个人如果用心不专、心神不定，就无法正确地判断一件事，也无法采取适当的行动。进一步想一想：如果我们专心致志地去观察，是不是就一定能够避免"视而不见"的错误呢？答案是否定的！

我们在观察事物的时候，大多会本能地相信自己看得非常仔细，并且自信地认为自己能注意到其中所有的关键细节和发生的所有变化。实际上，几乎每个人都会犯"视而不见"的错误，尽管我们不愿意承认——也难怪，心理学家称这种现象是"认知偏差"。认知偏差是指人类大脑在对信息进行处理时所出现的错误或偏差。前文我们介绍过"邓宁-克鲁格效应"，说的是，人们对自己的能力存在一种高估偏差。这种偏差源于个体的认知水平和能力水平的不匹配，导致个体对自己的能力过于自信。这种偏差可能会出现在评估自己的观察能力和判断能力等很多情形中。

一个喜欢散打的男人走进一间酒吧，那里的人谁都不认识他——包括吧台尽头那个膀大腰圆的大个子。

男人的位置离那个大个子只有两个凳子远。他正喝着啤酒和番茄汁，突然听见那个看起来很强壮的大个子大声嚷嚷起来，近旁的一对年轻情侣显然受到了干扰。男人让大个子说话低声点儿。于是，大个子转过头来，直盯着男人。

男人认为对方是在挑衅。他调整了步子，回身一记右勾拳，重重地打在大个子的脑袋上。随着一声惨叫，大个子从椅子里摔出，重重地栽倒在过道上。这时候，男人才注意到，大个子竟然没有双腿。

事后，男人离开时才注意到，大个子的轮椅被折叠起来，一直放在酒吧的门口旁边。

感觉自己被冒犯，把一个没有双腿的男子一拳打飞，确实不太应该。然而，造成这种结果的主要原因，不是这个男人欺负残疾人，而是他根本没有发现对方下半身的异常和门口被折叠起来的轮椅。

尽管男人在打对方时，目不转睛地看着那人，但是他根本就没有看到本应看到的一切。这种错误在人类所犯的错误中非常普遍，心理学家称之为"无意盲视"，它与盲视有本质的区别：盲视是因某种物理或生理原因看不见，而无意盲视则是因注意力被分散而"视而不见"。当我们在看一件事物

（或者一个人）的时候，我们觉得自己看到了一切，但实际上并没有。我们常常会遗漏一些重要的细节，就像上面那个故事中的腿和轮椅，甚至是更大的事物，比如一扇门或一座桥。

我们为什么会对某些应该看到的事物视而不见呢？因为眼睛不是摄像头，它无法拍下某个场景的照片，而且它不能一下子就看到视线范围内的一切事物。不管在什么时候，眼睛能够清晰看到的区域，只是全部视线范围内的一部分。比如，在正常的观察距离内，清晰的视觉区域实际上不超过一枚 2 分钱硬币的大小。眼球每秒大约转动 3 次。眼睛通过不停地调整焦点，来突破自身的局限。眼球转动的时候，眼睛到底能够看到什么，取决于观察的人。比如，男性和女性通常会观察到不同的事物。同样是在关注一个小偷偷一位女士钱包的场景，女性会更注意那位被盗女士的外貌和行为，而男性则更留意那个偷东西的小偷。因此，对不够注意的东西，人们很可能会不知不觉地忽略。

几十年前，某研究机构设计了一个简单有趣的实验。

科学家找了一些愿意充当"陌生人"的实验者，让他们在校园里向过路的人问路。

这个实验中有一个意想不到的设计。当这些"陌生人"和过路者交谈的时候，研究人员会安排两个人走上前去粗鲁地打断他们的谈话——方法就是让这两个人抬着一扇门从他们中间穿过。谈话被打断的时间很短，大约只有 1 秒。但是在这 1 秒内，将发生一个重要的变化。抬着门的两人中的一个，会和问路的那个 "陌生人" 对调一下。当那扇门被抬过去后，新替换的这个人还站在原来那个过路人的面前，继续和他交谈，就像刚刚什么事情都没有发生过一样。

那些过路的人，能够注意到和他说话的人已经换成另外一个人了吗？

实验结果显示，在大多数情况下，这个变化没有被注意到——15 个过路人中只有 7 个人注意到了这个变化。说明超过一半的人都可能会犯类似错误。实际上，连专业人员都不能避免犯这方面的错误。

机场的安检人员和医院的放射科医生，每天工作时都要花大量时间寻找平时很少看到的东西。比如，胸部 X 射线检查发现肿瘤的概率通常只有 0.3%。换句话说，在 99.7% 的情况下，放射科医生根本就看不到异常的东西。这使得这种职业存在很高的失误率。

有好几项研究都表明，放射科医生的失误率一直在 30% 左右波动。癌症的种类不同，失误率也不一样。医生回过头去检查那些当时没发现问题但最后检查患上癌症的病人的 X 射线片子时发现，在这些病人当时进行 X 射线检查时拍摄的片子中，有 90% 可以清楚地看到肿瘤的存在。研究人员还发现，癌症呈现在 X 射线片子上的癌变信息，在几个月甚至几年前都是能够被发现的。但这些明显的信息就这样硬生生地被放射科医生忽略了。

不管是普通人还是专业人士，即使是拥有良好视力的人，也可能会犯"视而不见"的错误，因此我们应努力去了解这种心理现象，尽量避免给我们的生活带来负面影响。

因此，我们不能对自己的观察能力太自信。此外，我们对自己的判断力，也不能盲目自信。

很多人在买东西的时候内心会有这样一种疑问：到底是买贵的，还是买便宜的？

从前人们大多相信"一分钱一分货""贵有贵的道理"。现在越来越多的人会说："贵的不一定好"，有些完全是由商家炒作、明星效应带来的高价，是"智商税"。既然有了这种认识，是不是就能避免被收"智商税"呢？我们先看一个实验：

研究人员请 20 个志愿者品尝 5 种葡萄酒，并对这 5 种葡萄酒做出评价。研究人员给这 5 种葡萄酒分别贴上了 5 美元、10 美元、35 美元、45 美元、90 美元的标签。

志愿者都是普通人，他们平时会适量地喝一些葡萄酒，但并不是品酒专家。在经过一轮品尝之后，他们的回答和现实中我们所了解的情况基本一致：人们更喜欢那些价格较高的葡萄酒的味道。

事实上，研究人员将葡萄酒和相应的价格标签调了包。标价为 90 美元的葡萄酒实际上出现了两次——一次标价为 90 美元，另一次标价为 10 美元；标价为 45 美元的那瓶也出现了两次——一次标价为 45 美元，另一次标价为 5 美元。然而，品尝者竟都没有发觉。不管怎样，他们就是更喜欢标价较高的那一瓶。

为什么会这样呢？

对志愿者大脑进行扫描，结果显示，见了价格更高的酒，人的大脑参与认知功能的前额叶的部分皮质区产生了更为活跃的反应。但是，当饮酒者意识到自己喝的是价格低廉的酒时，结果显示，此刻大脑皮层只产生了较少的快乐感。

原来，大脑会在特定事物和一些特定特征之间建立联系，不管我们是否意识到这种联系，它都会不由自主地这样做。有趣的是，宋代大才子苏东坡早就发现了这种现象。

苏东坡喜欢美食。他在岐下为官的时候，听说河阳的猪肉味道最美，就派人去买一头猪回来。被派去的那个人买好猪往回赶，结果，在半路上喝醉了，他买的猪跑了。为了交差，他只好就近又买了一头猪。苏东坡根本不知道那个人带给他的不是河阳的猪，就用那头猪做了好多菜，请来很多客人品尝美食。他告诉大家那是他好不容易专门派人从河阳买来的猪。所有的客人吃了都赞不绝口，认为确有一种其他猪肉不能相媲美的味道……

这个故事和前面的葡萄酒味道的测试揭示了同样的道理。

以价格和品质这一对商品特征为例，在一定程度上，我们都明白，价格贵的东西并不意味着一定比那些价格便宜的东西质量好。但是，在内心深处，我们并不真正这么认为。因此，在购物的时候，很多人会不由自主地选择：只买贵的，不买对的。

当温饱不再是问题，人们就开始追求高品质生活、讲究精致。不论是在使用的物品上，还是在食物的挑选上，都是"没有最好，只有更好"。比如，只要经济条件允许，很多人都喜欢购买有机食品。

尽管有机食品价格昂贵，比普通食品的价格高出好几倍，但超市里的有机食品依旧很受青睐。然而，有几个人真正地了解有机食品？很多人都只有一个"有机食品更健康"的概念，对细节并没有实质性的了解，可能很多时候就是在花"冤枉钱"。

有机食品和普通食品在营养方面并没有本质的区别。相较于普通食品，有机食品的农药残留剂量会更低，但是普通食品中的农药残留剂量也远远低于能引起中毒的剂量。由于有机食品在生长过程中不使用激素、农药等，作物为了抵御害虫会产生天然毒素，所以谈不上"更安全"。如果你想追求口感或者美感，事实上有机食品不一定比普通食品更好吃，外观也不出众……

只有在其他条件都达标的情况下，同时必须取得有机认证的食品，才能被标识为"有机食品"。有很多品质很好的食品，有可能因为认证问题而被排除在外了，即使这些普通食品完全符合有机的标准。因此，市场上的有机食品，不一定是最好的选择。

人们除了不了解产品，还可能会受到虚荣心理、攀比心理的影响。还有许多人认为只有价格高的东西才能达到自己的期望值；有些人之所以选择贵的商品，是因为他们认为这样会让自己感觉良好……总之，盲目追求价格高的商品，归根结底，是由于缺乏判断力。

面对纷扰复杂的社会，得出客观合理的结论并不容易。我们在做出重要决定的时候，不能对自己的判断太自信，不能自以为是，固执己见。

正确的判断来自对事物本质的深入了解，来自对具体情况的全面分析和判断。正确的判断必然包含两大因素：一是对事物的深入了解，二是对各事物之间相互影响的正确理解。然而，普通人很难有这样的能力。即使是在某一方面有这种能力的专家，也只是在某个领域的某个时刻、对某些事有效。

缺乏判断力是普遍现象，是不可避免的，但自以为是却是可以避免的。避免自以为是最简单的方法，就是采取谦逊的态度。我们不仅不能把自己的想法强加给别人，而且，还必须学会从他人的角度思考问题。人与人之间会有各种差异，面对同一件事情，经验不一样，立场不一样，喜好不一样，感受就会不一样。因为我们的文化不同、教育不同、性别不同、特质不同、爱好不同，所以在进行判断的时候，适当听取他人的建议，才有可能看到事情真实的面目。要学会倾听别人的想法和意见，不要着急反驳。不管别人的想法和意见是否和自己的一致，都别急着下结论。

该不该听专家的

乌扎尔·恩特是第二次世界大战期间美军的一位空军将领，也是一名著名的飞行员。他驾驶飞机多年，经验丰富，成功完成过多次高难度飞行任务，飞行技术在当时数一数二，部队里的飞行员都以他为榜样。

一次，恩特的副驾驶员在飞机起飞前生病了。因为要执行任务，部队就临时给他抽调了一名副驾驶员。这名副驾驶员对恩特仰慕已久，所以他对自己的这项任务感到既兴奋又骄傲。

因为执行的是一般任务，在恩特看来，没有任何难度，富有经验的副驾驶员完全能够胜任。于是，他轻松地哼起歌来。他的头不由自主地跟着歌曲的节奏一点一点地打着拍子。

虽然当时飞机的速度还非常缓慢，远远没有达到可以起飞的速度，但是副驾驶员不知道恩特只是在唱歌，错误地以为恩特是让他把飞机升起来。于是，他毫不犹豫地把操纵杆推了上去，把助跑轮给收了起来。结果，飞机的腹部立刻撞到了地面。螺旋桨的一个叶片插入恩特的背部，割断了他的脊椎，导致他下半身瘫痪。

作为一名有经验的副驾驶员，完全有能力判断出当时飞机还不具备起飞的条件。事后，副驾驶员也承认了这一点，但是问他为什么还是推起操纵杆时，他的回答是："我看到将军点头，就觉得应该这么做。"

后来，美国联邦航空局的空难调查员把这种现象称为"机长综合征"。他们发现，很多时候，机长犯了非常明显的错误，但其他机组人员却不去纠正，结果导致坠机事故发生。尽管飞行的安全和正确操作对每个人来说都十分重要，可机组人员还是使用"既然专家都这么说，就肯定没错"的思维模式，忽视了机长所犯的灾难性错误；或者即使注意到了，也没有采取正确的补救行动。

这种现象同样说明：人们宁可相信权威，也不相信显而易见的事实，并且完全放弃了自己的思考。在很多时候，这种做法是有害的。

实际上，世界上没有绝对的权威。权威的意见只能供我们参考，而不能绝对地相信。因为权威是相对的，他们的意见或结论可能会被更大的权威修正。如果完全相信权威，人类也许就不会进步了——人类正是在不断超越过去的权威的过程中进步的。

在生活中，人们往往把各行各业的专家视为权威，对他们说的话坚信不疑。这样往往会使我们被专家的错误观点所左右。

当然，专家是令人尊敬的，因为他们以自己掌握的知识和辛勤的劳动，让我们享受到了许许多多文明的成果；专家说的话是有根据的，因为他们在某方面了解的信息往往更多，做出的判断可能也更准确。但是，我们也要知道，专家和我们一样，都是从事某项工作的人。只要从事某项工作时间长了，实践多了，研究深入了，经验丰富了，别人遇到的问题或者别人没有遇到的问题，在他那里都已经遇到过，并且能够驾轻就熟地予以解决，那么他就是那项工作的"专家"。

这跟有没有学位、写没写论文、出没出专著没有关系。但是在某项工作或者某个方面是专家的人，对与他可以称为专家的那些工作相关的某些问题如果没有深入的调查和研究，专家的意见也只是他在对待某些事情时的看法和态度。在事情还没有得到客观证实和澄清的情况下，专家的看法其实和大家一样，只能说是猜想。比如，即使是气象专家，也不一定能准确预测极端天气，很可能出现误差。但这并不影响人们迷信专家做出的气象预报和台风预警。

很多人容易忽略的是，尽管绝大多数专家的确有一技之长，在自己的领域有独特的见解，但是有时他们并不比普通人高明。

几十年前的一天，著名的钢琴教师鲍里斯·戈尔多夫斯基惊异地发现，他经常使用的勃拉姆斯随想曲的曲谱居然有一处印刷错误。自己看过上百遍这个曲谱，却一直没有发现异常。直到一位水平较差的学生在课堂上按照曲谱演奏的时候，戈尔多夫斯基感觉不对劲，才发现了这个明显的错误。

当时，戈尔多夫斯基让那个学生停止演奏，并告诉她改正演奏的错误。而那个学生看起来很困惑，她说自己的确完全是按照曲谱演奏的。

戈尔多夫斯基感到奇怪的是，这个女孩并没有撒谎，她确实是按照曲谱演奏的，只是曲谱上有一处非常明显的印刷错误。刚开始的时候，他和学生都觉得，这处印刷错误只出现在他们使用的那个版本的曲谱中。但是通过进一步的检查，他们惊讶地发现，在能找到的所有其他版本的曲谱中，那个音符都是错的。

戈尔多夫斯基觉得很奇怪。有很多作曲家、出版商、校对者，还有钢琴演奏家都看过这些版本的曲谱，为什么那么多人都没有注意到这处错误呢？

在一个初学者眼里这么明显的问题，那么多的专家怎么可能注意不到呢？戈尔多夫斯基百思不得其解。于是，他决定做一个相关实验。

他告诉一些经验丰富的演奏家，这个作品的某个段落有一处印刷错误，请他们找出这个错误的具体位置。他告诉这些专业人士，只要愿意，想演奏多少遍就演奏多少遍，想怎么演奏就怎么演奏，只要能找到那处印刷错误就行。但是，没有一位演奏家能发现那处错误。只有当他告诉那些人这处错误具体出现在哪个小节、哪一拍的时候，他们才能发现。

戈尔多夫斯基公布了他的发现之后，人们开始对这一问题进行研究。国际知名的音乐心理学专家约翰·斯洛波达做了这样一个实验。他故意在一张活页曲谱上对一段音乐的音符进行了很多变动，然后让一些资深的演奏家来演奏两遍曲谱上的乐曲。

在演奏家们第一次演奏这段音乐时，斯洛波达发现，有 38% 变动过的音符没能被发现。

有趣的是，在第二次演奏这段音乐的时候，被忽略的错误数量不但没有降下来，反而上升了！这表明，在第一遍演奏完之后，演奏家们对这段音乐已经比较熟悉了。在演奏第二遍的时候，他们已经没有必要再一个音符一个音符地去看曲谱了。因此，发现的问题就更少了。

这说明，我们对一件事情越熟悉，就越倾向于不加注意。我们看到的这件事情，很可能已不再是它原本的样子，而是我们假定它"应该"呈现的那个样子。专家甚至比普通人更容易犯这方面的错误。因此，才会发生这样的事情：被专家们忽视了的问题，却能被门外汉注意到。

我们的生活中也有很多类似的情况：

湖南某小学三年级的学生小谢，在长沙市橘子洲头参加活动时，发现文化墙上写着《沁园春·长沙》这首词，最后一句是："曾记否，到中流击水，浪遏飞舟？"结尾用的标点是"问号"。

小谢感到很疑惑，她觉得结尾应该使用句号或者感叹号，而且从内容来看，不应该是问号。于是，她去图书馆查看了这首词的手稿影印件，发现手稿上是句号，并不是问号。她的爸爸找到了高中语文教材，发现教材上使用的是问号。

　　要知道，高中教材是由教育部组织编写的，已经使用了多年，经过反复论证、重重审核才能够正式出版。如果真的有错误，为什么那么多专家和学者都没有发现呢？所以，小谢的爸爸也拿不准了。

　　小谢又从网上查询了很多资料，发现结尾处有的用句号、叹号，也有的用问号。最终还是没有找到标准答案。于是，她给教育部写了一封信。

　　很多专家和学者也发现了这个标点的问题，一位湖南大学的教授表示："从这首词的内容和语气来看，结尾处到底应该使用句号还是问号，非常有必要展开讨论和说明，应该统一一下。"

　　我们不禁要问：在小谢提出问题之前，为什么那么多教师、专家和学者都没有发现呢？值得我们注意的是，逃过很多专家的眼睛，最终被小学生发现的"问题"还挺多的。

　　俄罗斯国家电视台曾播放过一档新闻节目，报道俄罗斯潜艇驶入北冰洋的场景，节目还配上了现场画面。这条有画面的新闻通过路透社被多个新闻电视台转播到了世界各地，谁都没有发现问题。但是一个 13 岁的芬兰小男孩却觉察到了不对劲儿的地方。他觉得电视画面上那艘潜艇太眼熟了。果然，他的怀疑是正确的：这个画面竟然是从电影《泰坦尼克号》中剪辑下来的……

看来，确实不能过分依赖专家，连小学生的意见和建议都不容忽视。

那么，问题来了：遇到问题的时候，我们究竟是该听专家的，还是该听普通人的呢？

一般情况下，专家在一个领域内往往深耕多年，积累了很多知识，同时经过专业的训练，通常会有一套比较独特的思维逻辑和推理方法，并且比普通人具有信息优势。当然，在某些情况下，专家的预测准确程度也是非常有限的。比如，某地什么时候会有破坏性地震，专家也不知道。

"三个臭皮匠，顶个诸葛亮。"假如一群不同背景的人凑到了一起，即使都是门外汉，也更容易从不同的角度提供自己的意见，形成互补，最后很可能会比一个专家分析得更全面。所以，如果可以集合集体智慧，就更容易找到事实的真相。

那么，一群专家凑到一起，能否比一群普通人做出的决策更好呢？答案是否定的。如果只是一个专家，当他发表自己的见解的时候，更多依据的是自己的专业判断。可是当一群专家在一起的时候，他们不仅要考虑专业判断，还要考虑自己的社会声誉，所以很难形成真正的集体智慧。对一群专家来说，群体个数的叠加只是愚蠢的叠加，而真正的智慧会被愚蠢的洪流淹没。因此，有人说："千万不要听一群专家的。"

在集体智慧中，也包括你本人的智慧。不管听专家的建议，还是普通人的意见，在做出对自己有影响的决策的时候，都要经过自己的思考和判断。

人生路上，很多事都需要自己拿主意。他人的建议和忠告无论是否出于善意，无论是否可行，都只是一个参考而已。因为决策所引发的一切后果，往往都需要我们自己来承担。所以，凡事从实际出发，尽量自己拿主意，才能最大限度地减少不必要的风险和遗憾。

做事不要预设立场

1938 年 9 月 21 日下午，一场凶猛异常的飓风袭击了美国的东部海岸。人们发现，海水骤然变成了一堵高大的水墙，以迅猛之势，向纽约长岛的海滩劈头压来。在袭击海岸街镇的同时，飓风携带着巨浪以每小时超过 150 千米的速度向北挺进。这时，水墙的高度已经超过了 10 米。长岛的一些居民手忙脚乱地跳进他们的轿车，疯狂地向内陆驶去，很多人因为动作太慢而被海浪吞噬，失去生命。

其实，当地气象学家已经预测到了这场飓风的规模和到来时间，但是因为一些不便公开的原因，气象局并没有向公众发出警告。

事实上，绝大多数居民通过家中的仪器或者通过其他渠道，都已获知飓风即将来临。早在飓风到来前几天，一个长岛居民就到纽约的一家大商店订购了一个崭新的气压计。9月21日早晨，新气压计邮寄了过来。他发现气压计的指针指向低于29的位置，刻度盘上显示："飓风和龙卷风。"因为气象局没有发出任何警告，他觉得一定是气压计不准确。他用力摇了摇气压计，并在墙上猛撞了几下，指针也丝毫没有移动。气愤至极的他，立即将气压计重新打包，驾车赶到了邮局，将气压计又寄了回去。当他返回家中的时候，他的房子已经被飓风吹得无影无踪了。

因为作为权威机构的气象局并没有发出任何预报，尽管人们发现了异常，但都漠视了即将到来的大灾难。因为气象局没有发出预警，人们竟然对出现的危险苗头视而不见。当他们的气压计指示的结果没有得到权威机构的印证时，他们宁肯抱怨气压计不准确或者忽略它，也不去怀疑气象局是不是漏报、瞒报或错报了。可见，人们对于权威的盲信，已经超过了对"眼见为实"的信任。这是不是一种很奇怪的现象？

怎么会这样呢？为什么人们有时发现不了明显的问题

呢？就算偶尔发现了，为什么不敢相信自己的眼睛？

可能有人会说：都怪气象局的专家没有尽责，没有发布预警。这可能是一个重要原因，但不是全部原因。归根结底，还是人们在内心深处预设了立场，认为不会发生灾难性飓风，飓风不会引发巨大的海啸。否则，人们早就采取行动了。所以，即使仪器显示出了明显的异常迹象，人们也不愿意相信。

培根说："人类的典型错误，就是排斥那些否定自身经验的事物，偏好那些符合自身经验的事物。"在生活中，一个人常常会不自觉地根据自己的经验、身份、利益和好恶预先设定对待问题的观点和态度，然后尽力去找很多的证据来证明自己认定的东西是正确的。而当出现与自己"预设的立场"不一致的证据时，往往会被忽略。

大家都熟悉的经典故事《疑邻盗斧》，讲述的就是这个道理。有个人丢了斧子，到处都找不到，于是他就怀疑斧子是被邻居的儿子拿走的。从此，他越看邻居的儿子，就越觉得他的一举一动都特别像偷斧子的人。不久，这个人在山谷里找到了自己遗忘的斧子，原来是自己记错了放置的地方，并不是被人偷了。这个时候，他再去看邻居的儿子，就越看越觉得他不像偷斧子的人了。

邻居儿子的行为方式没有发生任何改变，而是丢斧子的人自己的观点和立场发生了变化。

人一旦预设了立场，即使发现了与自己预期相反的事实，或者被别人指出了与自己认知相反的证据，往往也会选择视而不见，或者置之不理，而是更愿意按照自己预设的立场固执地走下去。

1894 年，法军总参谋部的军官们在废纸篓里发现了一份文件，通过文件他们知道有人正在向德国出卖军事机密。

很快，他们将怀疑目标锁定在一个叫德雷福斯的军官身上，尽管德雷福斯在职业生涯中没有任何不光彩的记录。之所以怀疑他，是因为他是军队中唯一的犹太军官。

他们将德雷福斯的笔迹和废纸篓里的文件中的笔迹拿来对照，认为笔迹一致。而外部的笔迹鉴定专家认为两者截然不同，但专家的意见却被无视了。

军队搜查了德雷福斯的住所，想要寻找他从事间谍工作的蛛丝马迹。但他们搜索之后，什么都没有发现。不过，这更加让他们确信一件事，就是德雷福斯一定是间谍，因为很明显他在被搜查之前就销毁了所有的证据。

接下来，他们还对他进行了深入调查，发现德雷福斯曾经学过外语，他们便认为德雷福斯和外国有勾结。一起学外语的同学曾称赞德雷福斯"记忆力好"，这又成了新的证据。"记忆力好"不是更可疑吗？因为间谍需要记住很多东西。

因此，德雷福斯被判处终身监禁。

在德雷福斯事件中，有权做出裁决的这些人，并不是故意栽赃，而是他们真的认为德雷福斯有罪。这就是预设立场引发偏见的实例。

预设立场，会干扰人们对信息的收集和解读，得出有偏差甚至与事实相反的结论。因为大家怀疑德雷福斯是间谍，所以就希望他是间谍。最后用尽一切方法去搜集他是间谍的证据，在这个过程中，能够推翻他不是间谍的重要事实往往被忽略，倒是那些无关紧要的事实可能成为他的罪证。结果就是，德雷福斯被关起来后，真正的德国间谍却被忽视纵容了。

可能有人会想：就算是一两个人忽视关键的信息、忽视正确的意见，受偏见的影响罔顾事实，那么一群人或者很多人组成的团队，怎么也会犯这种错误呢？这就涉及心理学家常说的"羊群效应"。

在一群羊前面横放一根木棍，第一只羊跳了过去，第二只、第三只也会跟着跳过去。这时，把那根棍子撤走，后面的羊走到那里，仍然像前面的羊一样，向上跳一下，尽管拦路的棍子已经不在了。这就是所谓的羊群效应，也叫"从众心理"。

羊群是一种很散乱的组织，平时在一起也是盲目地左冲右撞，一旦有一只羊先动起来，其他的羊会不假思索地一哄而上，模仿第一只羊的行为，全然不去考虑做出那种行为意味着将获得利益还是危险。人类也有类似的现象。人们会追随大众所认同的，将自己的意见默认为否定，且不会从主观上思考事件的意义。从众心理很容易导致盲从，而盲从往往会陷入骗局或遭遇失败。

我们知道，羊群效应或从众心理中有明显的非理性因素。

1937 年，一位哈佛大学的社会心理学家做了一个著名的实验。他要求很多个被试在暗室里独自估计一个实际静止不动的光点的移动范围，研究个人反应是如何受群体反应影响的。

在第一阶段，多个被试分别在暗室里独自估计光点的移动距离；在第二阶段，多个被试在暗室里一起估计光点的移动距离。

研究结果发现，在第一阶段，多个被试判断结果的差异极大；而在第二个阶段，多个被试共同在暗室里一起估计时，差异则变得很小。尽管这个光根本没移动，但是后来当被试集体讨论时，所有人都认为光移动过，只是在动了多大幅度方面存在争议。

这是由于在单独观测时，被试缺乏可供参照的背景，分别建立了自己独立的参照系统。而后差异变小，是因为受到了他人的严重影响。被试以别人估计的距离作为参考依据，建立了共同的参照系统和准则规范，从而表现出了从众行为。

无论正确与否，群体观点的影响足以动摇任何持怀疑态度的人。此时，很明显群体的力量使个体的判断失去了理性。

这是因为每个人的认知和掌握的信息都是有限的，很少有人能够有百分百的信心去判断自己掌握的信息比别人更全面、更准确。所以，当很多人针对同一事物明确提出与自己的看法不一致时，自己的内心就会开始动摇，怀疑自己的判断，甚至改变自己的观点。坚持与别人不同的意见，就意味着你要独自承受认知错误的风险，而且如果你固执己见，还很容易被团体所排斥；而如果你与别人持相同的观点，就意味着有更多的人与你一起承担认知错误的风险。思维上的从众，更容易使个人有一种归属感和安全感。自己跟随着众人，如果说得对，做得好，那自然能分得一杯羹。即使说错了、做得不好也不要紧，无须自己独自承担责任，况且还有"罚不责众"的说法。因此，很多时候多数人不得不放弃自己的观点去随大流，很少有人能够在众口一词的情况下，还坚持自己的不同意见。

羊群效应启示我们，世界上可能还有很多不明真相的群众。在群体中，普通人往往容易从众，丧失基本的判断力，喜欢凑热闹、人云亦云。

因此，我们在思考问题，做出人生决策的时候，要慎重对待"群众的意见""别人的意见""多数人的意见"，不要一味地遵循"少数服从多数"的原则。有时，真理是掌握在少数人手中的。当别人给你提出建设性意见时，不仅要把这些问题当作参考，还要分析他们看问题的角度，并与自己的想法做比较。

最明智的做法是，在参考其他人的建议或意见的同时，坚持独立思考，拒绝迷信权威，不要盲目从众，要广泛收集信息，尊重知识，尊重事实。

这里，强调一条人们常常忽略的"暗知识"：独立思考不等于独自思考。一群各有特色、想法各异的人会成为你的镜子，帮你看见你在独自思考时看不见的东西。如果让想法各不相同的人组成"乐队"，每个人都演奏出内心最优美的旋律，那么整首交响曲将会更加美妙。

当我们发现别人的观点跟自己不一样时，我们不要急于下结论："我是对的，错的是别人。"要时刻牢记，我们自己也可能犯错。不要因为对方是正确的，你便固执地死守着错误的观点不放。记住，被别人正确的意见或观点所说服，并不能说明我们愚蠢，恰恰证明了我们很明智。

想得越多，错得越多

为什么很多博学之士、专家懂得很多道理，却依然过不好自己的一生呢？关键就在于，他们没有充分利用自己的心智。

从心理学的角度来看，人的意识分为两部分：显意识和潜意识。人类心理结构中显意识占 5%，潜意识却占 95%。一个人的潜意识被发掘和利用得越多，表现出来的心智越成熟，在生活和工作中做出的重大决策就越快速而准确。而潜意识变成显意识的过程，都来源于直觉的指引。

美国著名的演员、编剧、脱口秀主持人、畅销书作家杰克斯说："生活就像一大串钥匙，只有一把锁是你最好的生活。你试了几把钥匙后，最终找到了一把感觉和其他钥匙都不太一样的钥匙。一旦你把它插进锁孔，甚至在你转动它之前，你就会感觉到锁一定会被打开，你就知道这把钥匙是对的。"这种感觉就是直觉。

在生活中，我们当然不能跟着感觉走，但是也不能否定直觉的神奇效能。富兰克林非常喜欢这样一句格言："人生如一首乐曲，要用乐感、感情和直觉去谱写，不能只按乐律行事。"人能在关键时刻做出或想到关键事情，这种情形与逻辑学或过去的经验无关。我们常常把灵机一动做出的决定看成是凑巧、命运或是第六感。我们都有过对某件事发生，事前早有预感的体验。其实，这是一种常常被忽视的天赋智力，而这种智力就是直觉。

很多科学发明和创造，都有直觉的功劳。正如普朗克所说："每一种假说都是想象力发挥作用的产物，而想象力又是通过直觉发挥作用的。"达尔文观察到植物幼苗顶端向阳光弯曲，立刻凭直觉大胆推测："其中可能含有跑向背光一面的某种物质。"这种推测，在他生前始终未能得到验证，但后人通过实验，证实了这种物质的存在。它就是促使植物提早开花结果的植物生长素。安培从电流磁效应现象猜测磁的成因应是电流，于是提出了分子电流的假说，揭示了磁现象的电本质；德布罗意根据作为波动的光具有位移性的事实，大胆地提出了实物粒子也应当具有波动性的科学假说，从而建立了物质波的重要概念……

那么，什么是直觉呢？在心理学中，直觉是指人在无意识状态下迅速完成的认知过程，是不需要证据和思考的。直觉是智慧的一种能力，它能把杂乱无章的印象迅速汇成对思想、情绪或情境的一种理解。未经逐步分析，便对问题的答案迅速地做出合理的猜测、设想或突然领悟的思维被称为"直觉思维"。这种思维，在个人的成才和解决创造性问题中，往往具有令人茅塞顿开的作用。

凭直觉做出判断并不意味着完全忽略理性思考。事实上在很多例子中，这两种精神官能的活动是相辅相成的。直觉提供重要的信息，然后用理性加以验证，或用直觉评估理性和逻辑的结论。很多人经过长时间苦思和多次徒劳无功的试验之后，才获得的新发现，在局外人看来是突如其来的。我们在某种情况下突然产生了某种念头或倾向，实际上是基于我们过往的学习和经验，在无意识状态下瞬间出现的。也就是说，直觉或突发的灵感，也是以理性、丰富知识和追求正确结论的能力为基础的。

爱因斯坦非常重视直觉的作用。他在 26 岁和 37 岁时分别创立的狭义相对论和广义相对论，并不是在已有的理论体系基础上通过逻辑推理产生的，而是在很大程度上靠他自己丰富的想象力、直觉和灵感提出的。他说："真正可贵的因素是直觉。""我相信直觉和灵感。""物理学家的最高使命是找到那些普遍的基础定律……要通向这些定律，并没有逻辑的道路，只有通过那种以对经验的共鸣的理解为依据的直觉，才能得到这些定律。"

在 1918 年 4 月柏林物理学会举办的普朗克 60 岁生日庆祝会上，爱因斯坦有一篇题为《探索的动机》的著名讲话。

他说："在科学的庙堂里有各式各样的人，他们探索科学的动机各不相同。有的是为了获得智力上的快感，有的纯粹是为了名和利，他们对建设科学殿堂有过很大的贡献。但是，科学殿堂的根基是靠另一种人而存在的。他们总想以最适当的方式画出一幅简化的和易懂的世界图像，他们每天的努力并非来自深思熟虑的意向或计划，而是直接来自激情。"爱因斯坦这里所说的"激情"，当然包括直觉。直觉不仅有助于科学发现，也有助于我们的日常决策。

德国认知和社会心理学家格尔德·吉仁泽在《直觉：我们为什么无从推理却能决策》一书中，对依靠直觉进行决策的做法给予了肯定："实验证明，在95%的情况下，依靠直觉就能做出正确的决策。人的大脑是个超级计算机，在不知不觉中就处理、省略、提炼了大量信息，让人仅凭少量信息就能在瞬间做出反应。反之，大脑考虑的变量越多，就越难做出正确的决策。一言以蔽之，在绝大多数情况下，一个人想得越多，错得越多。很多普通人就是吃了想得太多的亏！"

有学者研究了公众对"9·11"事件的反应，发现该事件导致人们普遍不愿坐飞机。在袭击过后的几个月，因为担心遭遇类似袭击事件，很多美国人宁愿开车去目的地。但这样做也带来了更多的危险：美国每年死于车祸的人超过4万个。

通过分析车祸数据，研究人员发现，"9·11"事件以后的 3 个月当中，美国的车流量猛增 5%，整整一年未恢复正常。同时，对乘坐飞机的无谓担忧导致死于车祸的美国人增加了 1500 人。可见，人们在遭遇"9·11"事件后，根据直觉做出了不够理性的判断。

直觉是这样一种能力：在我们需要它的时候，它依靠我们在有意识和无意识状态下积累的知识与经验，以感觉的形式表现出来，帮助我们做出判断和决定。因此，我们不能否定直觉的价值。

在面临人生重大选择的时候，直觉往往是比较有效的。假设完全排除直觉的作用，我们在面临一些复杂、重大决策的时候，往往总是担心自己棋差一着、功亏一篑，所以总是犹豫不决，尽可能地去查找每一个细小的线索，想要做出一个尽善尽美的决定。然而，信息过多往往会干扰我们的判断，影响因素越多，做出正确选择的概率就越低。而直觉能够帮助我们删繁就简，忽略那些烦琐的信息，直接依据过去积累的经验和知识来判断，更容易做出一些正确的选择。

在我们的人生道路上，有无数大大小小的事等着我们去决定。在我们做出重大决定时，难免会犯一些错误。也许是因为过去犯了严重的错误，大部分人只会往后看，站在那里惋惜不已："如果我了解的情况更多……""如果我当时更果断……""如果我当时更在乎自己的感受……"

　　事实表明，很多人难以做出正确的决定，因为他们在面临选择时所依据的因素包括事情的紧迫程度、社会的期望及价值观、自己根深蒂固的价值观和短期目标、他人的期望以及基本需求等。他们总是对以上影响因素做出被动的回应，从而被周围的环境和他人所控制。在面临选择时，他们忽略了一个最重要的因素——自己内心的声音，也就是自己的直觉。

　　凭借灵机一动办事，总带有冒险的成分。不按常规办事，难免有怕失败、遭人嘲笑的顾虑。依直觉办事而甘于冒险的人，更加需要勇气和对自己直觉的信心。

　　如果你想知道什么才是自己该做的，潜意识会为你提供答案。所以，要把精力集中在你想做的事上。不要三心二意，也不要企图干涉直觉的产生过程。相反地，要有耐心，慢慢地、仔细地利用直觉。当你捕捉到这些直觉时，就会发现：你更加容易做出正确的决策！

　　很多人赚了钱，从表面上来看似乎纯属侥幸。比如，时装设计师能预测下一季的流行趋势，出版商能测知读者喜欢读什么书。所以，商家一次又一次地抓住商机，他们利用机会获得成功。其实这不仅是幸运，直觉给了他们很大的优势，他们在直觉提供的信息基础上把握住了可能的机遇。

　　我们通常所看到的事实，最大的作用并不在于事实本身，而在于其中所显示出的现象，所代表的趋势、偏向、冲突或机会。对我们来说最有用的决策信息，可能就隐藏在各种事实的背后。不要用已经知道的事情，来限定自己的了解范围。过于重视决策信息，就会对其考虑得过多，可能会忽略摆在眼前的事实。尽管各种事实的确是决策者的决策工具，但一定要注意，事实不能完全代替直觉。

决策的时候利用直觉，和认真思考并不冲突。要培养直觉，就要积极地思考、乐观地思考，避免冲动和盲目决策。

决策的时候应该果断。然而，果断决策需要一定的魄力和勇气。有的人做什么事情都下不了决心，甚至连买一件衣服、一双鞋这样的小事，都拿不定主意。究其原因，就是害怕做出错误的决定。然而，如果你因为害怕做出错误的决定而迟迟不敢下定决心，那么就会错失很多好的机遇。

一个善于决策的人，不会等到对事情有百分之百的把握再去决策。决策总是带有一定风险的。事情都清楚了才去决策，那就算不上决策了。要知道，条件完全具备之际，往往是最佳的机会消失之时，一味地追求确定性，就会坐失良机。有 60% 以上的把握就应当敢于决策，应该有信心去行动。从一定意义上讲，风险的大小和利益的多少是成正比的。风险越大，成功了，得到的利益越多。利益是对人们所承担风险的补偿，一点风险都不敢冒的决策，算不上是高明的、卓有成效的决策。

当然，为了正确地进行决策，可以果断些，但是绝对不能草率。匆忙中做出的错误决定，比不采取任何行动还要糟糕。这样的做法只能将那些困惑和疑虑暂时埋藏起来，而在以后的时间里，它们可能会以另一种方式再次浮现，变成更棘手的难题。要想利用好直觉，最先做的就是保持内心的平静，一定要避免冲动。直觉的运用要和理性相结合，努力做到三思而后行，谋定而后动。

三思而后行，思考些什么东西呢？思考的是问题的根源和起因。问题发生后，我们需要知道问题发生的根源是什么，导致问题产生的诱因是什么。只有当这些问题的正确答案都找到后，才能找到解决问题的方法。

之所以要三思，是因为问题是由很多原因导致的，其背景是复杂的，仅凭表面现象很难得出正确的结论，往往需要一段时间的分析归纳或者调查研究，才能理出头绪。而且，也有被人制造假象，提供虚假线索的可能，一不小心就有误入歧途的危险。所以，思维必须缜密。思考一遍还不够，还需要检查一遍，然后在行动之前，再复查一遍，确保万无一失。三思以后，在解决问题的方案上，还要再考虑一下，这就是"谋定而后动"的道理。谋就是计划、方略，是解决问题的方针和策略。只有行动方针确定了，才能采取行动。这种行动方针是经过深思熟虑的，而不是一时冲动想到的。

缺乏对情况的足够了解，往往会做出错误的决定。诚然，有的时候，你不可能得到你所需要的全部事实，但你必须运用以往的经验、良好的判断力和常识性知识，做出一个符合逻辑的决定。但是图省事而不去收集可供参考的各种信息，是不负责任的一种表现。从决策目标的确定，到备选方案的拟定和优化，以及决策的修正与完善。决策的每个步骤和环节都离不开信息。因此可以说，信息是决策的基础。掌握最新、最全、最准确的信息，是保证决策正确、避免失误的重要条件。对收集的信息，还必须进行系统的研究、归纳、整理、比较和选择，然后才能作为决策的依据。

中国古代有句俗话："磨刀不误砍柴工。"先把刀磨快了，看起来耽误了时间，但是在砍的时候由于刀口锋利，效率高，反而节省了时间。就像开车出门，事先把地图看好了，按照路线一路开去，就可以不绕弯路，节省时间。如果慌忙上路，看起来节省了看地图的时间，但是一旦走错了路，可能就会浪费比看地图多很多倍的时间。

虽然说"条条大路通罗马"，但是往往有最便捷、用时最短的路线。我们不可能一条一条地找，然后才发现用时最短的路线。如果事先花时间研究，问清路线，就可以免去在路上摸索的时间。这样，一出发就能找到最佳的路线。解决问题亦是如此，一个问题可能会有许多解决方案，其中肯定有一个最佳方案。谋定就是要找到最佳方案。

重要的决策必须根据客观事物的复杂性和多变性，制定两个或两个以上可供选择的方案，以供对比和选择。因为没有选择，就无从优化，没有优化，更谈不上最好的决策。选择时要注意利中取大、弊中取小、兴利除弊、化弊为利，最大限度地做出最好的决策。

该有什么样的好奇心

心理学家曾做过一个有趣的实验：

研究人员在被试面前摆放甲和乙两堆外形完全相同的木块，然后，让被试将它们分别放置在不远处的一张桌子上。被试能轻松地将甲组的木块稳稳当当地摆在桌上，而乙组的木块却摇摇晃晃，始终无法被顺利而平稳地放在桌上。

如果被试分别是 3~5 岁的孩子和黑猩猩，在上面这种情境下，分别会有什么样的反应呢？

研究人员发现，61% 的孩子至少用一种方式检查了乙组木块的底部，50% 的孩子同时使用了视觉和触觉进行检查，以试图发现其中有什么异常。而没有任何一只黑猩猩尝试去检查乙组木块，它们只是不停地尝试把乙组木块摆正。也就是说，黑猩猩并没有选择去探索"为什么"。

事实上，甲组木块是一堆正常的普通木块，乙组木块则是一堆被实验人员做了手脚的含有金属的"假木块"，是无法被平稳放置的。

黑猩猩虽然是和人类基因最相似的一种生物，但是其表现却与人显著不同。好奇心是人类独有的一份礼物，只有人类似乎有一种与生俱来的求知欲。正因为有好奇心的存在，人类是世界上唯一会问"为什么"的动物。因此，在进化的过程中，人类才能够不断推进文明的发展，将其他动物甩在后面越来越远。

这样看来，"好奇心是推动人类进步的动力"的说法并不夸张。燧人氏好奇，钻木取火；神农氏好奇，遍尝百草；牛顿对一个苹果产生好奇，于是发现了万有引力；瓦特对烧水壶上冒出的蒸汽十分好奇，最后改良了蒸汽机……在现代社会，好奇心是激发一个人有所发明、有所创造的关键因素。

好奇心虽然不一定是创造力的充分条件，但却是创造力的必要条件，几乎每一个具有创造力并在社会各个领域取得杰出成就的人身上，都表现出超乎寻常的好奇心。

多年前，清华大学物理系邀请了四位诺贝尔奖获得者来访学。在探讨他们为什么取得科学成就时，清华大学的学生给出的关键词是基础好、数学好、动手能力强、勤奋、努力等。然而，这四位获奖者的回答是一样的，不是这几个词中的任何一个，而是"好奇心"。

于 1993 年圆满完成哈勃望远镜首次维修任务在太空行走的著名的美国宇航员马斯格雷夫，拥有医学、数学、化学以及文学等 6 个学位。当被问到为什么要攻读这么多学位时，他说："一件事情会自然地引向另一件事情。"在攻读某个学位期间，他发现有些问题可能需要其他领域的知识来补充或解答，这种对知识的好奇心促使着他攻读了一个又一个学位。

除了科学研究，好奇心对在其他领域取得成就同样重要。现任苹果公司 CEO 蒂姆·库克指出："我很敬佩那些对世界好奇的领导者，他们思考世界运作机制，他们往往专注于为什么和如何运作。领导力是要靠好奇心发展的。乔布斯是我所认识的人中最具有好奇心的，我觉得这是一个很好的个性。好奇心能改变你的生活方式、思考方式。"

在接受记者采访时，马斯克明确指出，好奇心是他取得成功的最大驱动力。

无论是在科学界还是在教育界，人们都极其重视好奇心的作用。爱因斯坦说："我没有特别的才能，只有强烈的好奇心。""好奇心是科学工作者产生无穷的毅力和耐心的源泉。"

居里夫人则进一步指出:"好奇心是学者的第一美德。"霍金则告诫我们:"无论生活多么艰难,都要保持一颗好奇心。"

中国传统文化主张含蓄保守,一度对"好奇心""探索欲""创造力""新鲜事物"等词语持谨慎态度,容易和"不安分""多管闲事""破坏性""颠覆"等词语联系在一起。这些在一定程度上影响了我们对好奇心的培养。

然而,人是不可以没有好奇心的。没有好奇心,会让一个人的生活状态长期停滞,缺乏新意,失去对生活的激情。最重要的是,它会让一个人失去学习的兴趣和动力,忽视对知识的更新,在不知不觉中错过很多机会。

培根说:"知识是一种快乐,而好奇心则是知识的萌芽。"心理学家发现,好奇心对学习成绩的重要程度与责任心基本相同,而这两者之和对人的影响,甚至超过了智力。好奇心是影响个人成就最重要的因素,因为它将智力、坚持和对新事物的渴望结合在了一起。

因此,"我们该不该有好奇心"应该不是个问题,问题是:我们应该培养什么样的好奇心?

心理学家指出,好奇可分为消遣性好奇和认识性好奇两类。不同类型的好奇对我们的人生所产生的影响是不同的。

对一切新奇事物的兴趣是消遣性好奇。它会激励我们去发现新事物,让我们的视野更宽广,从而发现新的和未知的事物，激励我们获得新的经历，结识新的朋友。缺点是它会让我们在走马观花中浪费精力和时间。比如，漫无目的地刷短视频、刷抖音，就是消遣性好奇，关心别人的八卦新闻也是消遣性好奇。

当消遣性好奇转化为一种对知识的探寻时，会使我们获益良多。这种更深入、更有序和更需要付出努力的好奇，就是"认识性好奇"。认识性好奇是对知识的理解和探索，更深入、更有序、更努力地探寻知识，需要付出一定的脑力劳动，让自己刻意去动脑子。钻研学习的过程就是认识性好奇发挥作用的过程，不断阅读感兴趣的书籍就属于认识性好奇。比如，观看纪录片、人物传记、技能教学视频，有助于我们深入了解事物的本质，掌握更多的本领，属于认识性好奇。

两种好奇都有它的价值，我们对事物或者人的兴趣，往往都是从消遣性好奇开始的，但深入接触后就有机会逐渐变成认识性好奇。总体上，认识性好奇对我们的成长和发展的影响更加积极，也更加持久。而相比之下，如果控制不好消遣性好奇，就容易产生负面的影响。

西方有一句谚语："好奇害死猫。"意思是，一个人如果像猫一样对陌生的事物总是那么好奇，迟早会出现威胁生命的时刻。相关的故事讲的是，一只可怜的小猫，因为好奇心太重，想知道餐桌上的罐子里到底是什么，结果掉到了滚烫的汤里，结束了生命。

还有一个相关故事讲的是，一只猫看到一个土堆，感到非常好奇。当它看到这个土堆上还有一个洞的时候，就更好奇了。于是，它不顾阻拦，坚持要把土堆挖开想看个究竟。结果挖出来一条毒蛇，接着它被毒蛇咬了一口，就这样丢掉了性命。

《圣经》里，好奇心诱导亚当和夏娃偷食禁果；在希腊神话中，好奇心驱使潘多拉打开魔盒放出了灾难、瘟疫和祸害等故事，都提醒我们，要警惕好奇心带来的危害。

千万不要以为好奇心带来的危害和自己无关，离自己很远。我们这里暂且不考虑因为好奇而成为网络诈骗案的受害者，或者因为好奇而尝试吸毒最后走上违法犯罪道路的极端案例。我们在这里专门讨论一下容易被大多数人忽视的消遣性好奇的危害。

你平均每天花多长时间在看手机？花多长时间用于刷手机短视频？你是不是有过这样的经历？有时只想看几分钟、看一两段小视频放松一下，但是一打开，就根本停不下来。一两小时很快就过去了，而自己根本没有放松的感觉，反而觉得更累，甚至有些烦躁。你是不是感觉奇怪，怎么就控制不住自己的好奇心呢？

这种好奇心让我们过分去关注那些对我们的成长没有多

大帮助的事，不仅浪费了我们大量的时间，还影响了我们的学习、工作或休息。

认识性好奇会激发我们对知识的理解和探索，在满足求知欲时我们需要不断动脑思考，消耗大量能量；而消遣性好奇通常不需要动脑子，只是被动地接受、满足猎奇心理就可以了。

人天生就有惰性，喜欢遵循最省力法则，当在两种相似的选项之间做决定时，人们自然会倾向于选择最省力的那个选项。因此，更容易沉迷于满足消遣性好奇的活动，多数人刷抖音、刷段子、刷热点新闻比学理论、学知识、学技能更来劲，也愿意投入更多的时间。

而只有能控制自己，知道"君子当有所为，有所不为"的人，愿意把更多的时间和精力用来满足认识性好奇的人，才更容易获得良好的发展机会和更广阔的发展空间。

互联网时代为大家满足各种好奇心提供了极大的便利。如果不想花钱报班学习，免费的知识和课程网络上比比皆是，对于任何感兴趣的领域，也都有免费获取知识的渠道。人们获取知识的渠道和机会与以前相比多了很多。那么，认知的差距和贫富差距会不会逐渐缩小呢？

答案是否定的。不但不会缩小，反而会扩大。一位著名作家说："互联网正在让聪明的人更聪明，笨的人更笨。而未来，属于那些具有好奇心的人。"当然，这里的"好奇心"主要是认识性好奇。

那些认识性好奇心重的人，会利用互联网加深自己对生活的认知和对世界的理解。他们利用互联网学习自己所感兴趣的一切知识，用它分享求知的热情、交流想法。反之，那些消遣性好奇心重的人，只会用互联网消磨时光。这些人把好奇心交给了手机，交给了别人，久而久之，就只能任人摆布，随波逐流。

那些不读书的人会将更多的时间投入到娱乐和消遣中，造成更多的时间浪费。而那些读书的人，会花更多的时间进行知识的开发和探索。"学然后知不足"，只有自知无知，才能永远求知。

拥有认识性好奇的人会逐渐认识到，生活不是一道谜题，而是蕴含着无穷的奥秘。一道谜题是相对简单且有确切答案的，而奥秘是没有边界也没有答案的，可以无限延伸、无限挖掘。奥秘具有更大的挑战性，也能带来更深层次的满足感。它让人持续专注于未知领域，从而激发长久的好奇心。

爱因斯坦说："我们可以体验到最美好的事物，是难以理解的神秘之物，这种基本情感是真正的艺术和科学的摇篮。谁要是不了解他，谁要是不再有好奇心，谁要是不再感到惊讶，那他就如同死了一般，他的眼睛早就黯淡无光了。对我而言，能觉察生命和意识永恒的奥秘，了解现实世界的神奇结构，并能全身心地投入去领悟自然界所展现出来的理性，哪怕只能得到其中极少的部分，便也心满意足了。"

　　我们是生活的参与者，而不是旁观者，我们需要的不是短暂的满足，而是对这个世界和人生奥秘进行不断的探索。在探索这个奥秘的过程中，保持适当的好奇心，多学习和掌握一些"暗知识"，不断提升我们的智慧，提高认知和才能，有助于我们提升自己的生命意义和价值，享受更多的人生乐趣。